合格対策

Google Cloud 認定資格

Cloud Digital Leader

テキスト&演習問題

株式会社G-gen
杉村勇馬、又吉佑樹［著］

リックテレコム

はじめに

　本書は、Google Cloud 認定資格である Cloud Digital Leader の試験対策書です。
Cloud Digital Leader は、Google Cloud の認定資格のうち、入門者向けの資格です。
当資格の取得は、IT エンジニアのみならず、経営者やセールス担当者、事業部門の
メンバーなど、クラウドに関わるすべての方におすすめできます。クラウドの知識
は、現代のビジネスパーソンにとって必須であるといって差し支えないでしょう。
本書は、資格試験の合格にとどまらず、普遍的なクラウド知識も得られる内容となって
います。

　本書は、Google Cloud の専業インテグレーターである G-gen のメンバーで執筆し
ました。私たちが Google Cloud の普及活動をする中で、利用者の中には、クラウ
ドに初めて触れる方や、IT の専門家ではない方が多いことに気づきました。これ
は、Google Cloud には BigQuery をはじめとするデータ分析ツールや優れた生成 AI
関連プロダクトなど、非エンジニアでも簡単に利用できるプロダクトが多いからで
す。そのような方々から、「Google Cloud をマスターするには最初に何を学んだらい
いですか」とご質問を頂くことがあります。その際、私たちは、まず Cloud Digital
Leader 試験に挑戦することをおすすめしています。

　こうした経緯から、エンジニアの方のみならず、非エンジニアの方にも読みや
すいように意識して執筆しました。本書を読むにあたっての前提知識として IT パ
スポート程度の基礎的な IT 知識を持っていることが望ましいです。逆にいえば、
IT パスポート相当の基礎知識を持ってさえいれば、本書を使って勉強することで
Cloud Digital Leader 試験の合格を十分狙うことができます。

　Google Cloud は、学べば学ぶほど面白くなるサービスです。本書を活用して
Cloud Digital Leader 試験に合格し、是非、クラウドジャーニーへの第一歩を踏み出
してください。

　末筆ながら、本書の制作に携わって頂いた方々に感謝を申し上げたいと思います。
雑談を通じて本書の執筆のきっかけを作って頂いた Google Cloud の遠山雄二さん、
市場孝之さん。リックテレコム社との接点を作ってくれた G-gen の黒須義一さん。
出版の機会をくださったリックテレコムの蒲生達佳さん。そして初めての執筆で慣
れない私たちの原稿を粘り強く編集してくださった、書籍出版部の古川美知子さん。
本当にありがとうございました。

2024年5月
著者代表
株式会社 G-gen 杉村 勇馬

目次

第 3 章　**Google Cloud による
デジタルトランスフォーメーション　　35**

第 1 章

Cloud Digital Leader
資格について

　本章では、Cloud Digital Leaderとはどのような資格であり、その試験について、どのように対策すればよいのかを解説します。これから始まる試験勉強の道標としてください。

認定資格の概要

 Google Cloud 認定資格とは

　Google Cloud 認定資格とは、Google が提供するパブリッククラウド「Google Cloud」の知識と実務能力を証明する公式の認定資格です。Google Cloud は、かつては Google Cloud Platform、略して GCP とも呼ばれていましたが、現在では Google Cloud が正式な名称です。

　教育系ソリューションを提供する米国の Skillsoft 社が実施した 2024 年のアンケート調査によると、Google Cloud 認定資格は、Amazon Web Services（AWS）認定資格などと並んで「最も高収入が得られる IT 認定資格」とされています。

【参考】THE 20 TOP-PAYING IT CERTIFICATIONS GOING INTO 2024 – Skillsoft
　　　https://www.skillsoft.com/blog/top-paying-it-certifications

　また、日本国内でも、Google Cloud の利用が拡大するにつれて注目度が高まっています。筆者の所属企業である G-gen 社が公開する G-gen Tech Blog でも、認定資格の対策記事は大変注目を集めています。

　Google Cloud には以下の認定資格が存在します。

- Foundational レベル
  ・Cloud Digital Leader
- Associate レベル
  ・Associate Cloud Engineer
- Professional レベル
  ・Professional Cloud Architect
  ・Professional Cloud Developer
  ・Professional Data Engineer
  ・Professional Cloud DevOps Engineer

・Professional Cloud Security Engineer
・Professional Cloud Network Engineer
・Professional Google Workspace Administrator
・Professional Machine Learning Engineer
・Professional Cloud Database Engineer

【参考】Google Cloud 認定資格 - Google Cloud
　　　　https://cloud.google.com/certification

【参考】Google Cloud 認定資格の一覧を解説。全部で何個ある？ 難易度は？
　　　　- G-gen Tech Blog
　　　　https://blog.g-gen.co.jp/entry/google-cloud-certification

Cloud Digital Leader とは

　前述の認定資格のうち「Cloud Digital Leader」と「Associate Cloud Engineer」はエントリークラスの資格であり、ITエンジニアのみならずクラウドに関わるセールス職の方などにも広く取得されています。特にCloud Digital Leader は、これからGoogle Cloud を学ぼうとするエンジニアのみならず、セールス担当者や、部門責任者、経営者なども、その取得に取り組んでいます。クラウドに関わるさまざまな知識を学べる門戸の広い資格試験であり、クラウドのプロフェッショナルへの登竜門であるともいえます。頭文字を取ってCDLと呼ばれることもあります。

　Google Cloud を学ぼうとするエンジニアの多くは、まず初めにCloud Digital Leader を取得し、その後にAssociate Cloud Engineer や Professional レベルの資格に挑戦します。

　Cloud Digital Leader は、Google Cloud の中核となる領域の基本的な知識を問う試験です。テクニカルな内容だけでなく、財務・会計や組織運営、企業のビジネスやデジタルトランスフォーメーションにどのようにクラウドが関わっていくかという、**ビジネス的な側面**にもフォーカスが当たる試験になっています。技術的な深い知識は要求されない一方で、基本的なビジネス知識とITの一般知識が必要とされることから、まさにクラウドに関わるIT人の基礎教養が試されるといっても過言ではありません。

【参考】Cloud Digital Leader - Google Cloud
　　　　https://cloud.google.com/learn/certification/cloud-digital-leader

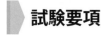
試験要項

　表 1-1-1 は、Google Cloud の公式 Web サイト（https://cloud.google.com/learn/ certification/cloud-digital-leader）から抜粋した試験要項です。最新の情報は、必ず公式 Web サイトをご参照ください。

表 1-1-1　**試験要項**

試験時間	90 分
料金	$99 ＋ 消費税
言語	英語、日本語
試験の形式	50〜60 問の多肢選択（複数選択）式
実施方法	遠隔監視オンライン試験、またはテストセンターでオンサイト監視試験
推奨される経験	技術プロフェッショナルとのコラボレーション経験
資格の有効期限	認定日から 3 年間

　試験はパソコンで行われ、画面上に表示された選択肢のうち 1 つまたは複数の選択肢をマウスでクリックして回答します。現在のところ、実技試験はありません。

　言語は日本語が選択可能ですが、申込時に決定する必要があります。なお、試験中に言語を切り替えることはできません。

難易度

　当試験は、Google Cloud 認定資格の中では Foundational（基礎的）レベルと位置づけられています。前述のとおり、公式 Web サイトでは「技術プロフェッショナルとのコラボレーション経験」が推奨されていますが、これは「技術プロフェッショナルでなくても合格が狙える」ということの裏返しであると考えたほうがよいでしょう。実際、筆者の所属する G-gen 社では、Google Cloud やクラウドの実務経験がないセールス職のメンバーでも、入社後 1 か月以内に当試験に合格するケースが多いです。

　当試験の受験にあたっては、独立行政法人 情報処理推進機構（IPA）が実施する「IT パスポート」程度の基本的な IT の知識があると望ましいです。例えば、「IP アドレスって、コンピュータの住所のようなものですよね」「Web ブラウザでホームページにアクセスすると、インターネット越しにサーバーと呼ばれる大きなコンピュータにデータを取りに行きます」「サーバーの上ではアプリケーションが動いて

おり、その裏にはデータベースサーバーがあります」「SQL は、データベースに問い合わせをするための言語です」といったレベルの話が理解できれば問題ありません。もし、これらの話がピンとこなければ、まずは IT パスポートなどの IT 基礎知識を学習することをおすすめします。

　AWS など他のクラウドサービスの知識があると、なおよいでしょう。AWS を例にとると、類似のレベルの資格として AWS Certified Cloud Practitioner 認定資格がありますが、Cloud Digital Leader はこれと概ね同程度の難易度といって差し支えありません。

　当試験の受験にあたっては、Google の考えるクラウドらしいクラウドの使い方とは何か、という一種の「クラウド哲学」に慣れておくことが重要です。AWS など他のクラウドの経験がある方は、この点ではアドバンテージがあるといえます。本書では、第 2 章でクラウドの哲学について解説します。

　試験時間は 90 分ですが、多くの受験経験者にとっては時間が余ります。1 問あたり 1.5〜1.8 分程度の時間がある計算になりますが、即答できる問題も多いはずです。

試験ガイド

　Web で公開されている公式の認定試験ガイドを読むことで、出題範囲を理解することができます。

【参考】Cloud Digital Leader 認定試験ガイド - Google Cloud
　　　　https://cloud.google.com/certification/guides/cloud-digital-leader

　セクション（出題される知識領域）の抜粋とその概要を、次ページの表 1-1-2 に示します。

表 1-1-2 セクションの抜粋

セクション名	概要
セクション1: Google Cloudによるデジタルトランスフォーメーション（試験内容の約17%）	クラウドがどのようにビジネスに影響を与えるのか。オンプレミスとどう違うのか。責任共有モデルなど、クラウドの基本的なコンセプト。
セクション 2: Google Cloud によるデータトランスフォーメーションの探求（試験内容の約16%）	データドリブン文化を実現するための手法。構造化データと非構造化データとは何か。
セクション 3: Google CloudのAIを活用したイノベーション（試験内容の約16%）	Google Cloud の人工知能、機械学習サービスの基礎知識と、それらが実現できること。
セクション 4: Google Cloud によるインフラストラクチャとアプリケーションのモダナイゼーション（試験内容の約17%）	IT インフラストラクチャやアプリケーションのモダナイズ（近代化）とは何か。Google Cloud のコンピュート系サービスの基礎知識。API の基礎知識。
セクション 5: Google Cloud で実現する信頼とセキュリティ（試験内容の約17%）	Google Cloud をセキュアに使うための基礎知識。ゼロトラストセキュリティ。
セクション 6: Google Cloud 運用でのスケーリング（試験内容の約17%）	Google Cloud を大規模に運用するための基礎知識。クラウドにおける財務ガバナンスと、効果的なクラウド費用管理のためのベストプラクティス。SRE（Site Reliability Engineering）の基礎知識。

1.2　試験対策

　前節でも述べたように、前提知識として「ITパスポート」程度の基礎知識を持っていることが望ましいです。経営者やセールス職など、エンジニア以外の方でも、普段からIT用語に触れていれば苦労することはないはずです。なお、IT用語はわかるがクラウド用語に馴染みがない、という場合は本書でカバー可能です。

　その基礎知識を持ったうえで、Cloud Digital Leader試験の受験に向けて、以下のようなアクションをとることをおすすめします。

1. 本書を最初から最後まで読む
2. 本書を読む中で、知らないIT用語が出てきたら、調べて意味を理解する
3. Google Cloud関連の用語でより深く知りたいことが出てきたら、G-gen Tech Blogや公式ドキュメントに目を通す
4. 模擬試験を受ける

　G-gen Tech Blogは、筆者が所属するG-gen社の技術ブログです。Google Cloudの普及を目的として、G-gen所属のエンジニアが執筆しています。特に「徹底解説シリーズ」では、例えば「Compute Engineを徹底解説！（基本編）」のように、プロダクト別に詳細な解説を行っています。

　ただし、記事ではエンジニア向けに技術的な深い解説をしていますので、Cloud Digital Leader試験のためにすべてを読む必要はありません。本書を読んでプロダクトの仕様について疑問が出てきた場合、その疑問点を部分的に解決するためのリファレンスとしてご利用頂くのが望ましいです。

　以下の参考リンクは、徹底解説シリーズの記事を集めたリンク集です。徹底解説シリーズの記事はベストエフォートで常に最新化されており、アップデートをキャッチアップできるようにもなっています。

【参考】Google Cloudサービスカット学習コンテンツ集　G-gen Tech Blog
　　　　https://blog.g-gen.co.jp/entry/contents-for-google-cloud-learners

　また、Google Cloudの公式ドキュメントは一次資料であり、最新情報や正しい情

報を得たいときは、この公式ドキュメントをもとにすべきです。ただし、こちらもエンジニア向けに書かれていますので、あくまでリファレンスとして必要に応じて参照しましょう。

　学習が一通り済んだら、無償で受けられる公式の模擬試験を解いてみましょう。Web サイト上に Google フォーム形式で公開されていますので、受験直前、あるいは学習の途中で自分の現在地を知るために、受験するとよいでしょう。

【参考】Cloud Digital Leader - Google Cloud
　　　　https://cloud.google.com/learn/certification/cloud-digital-leader

　また、本書では、オリジナルの模擬問題を掲載しています。試験を受ける前の練習に活用してください。

1.3 出題範囲

Cloud Digital Leader 試験では、以下のような知識領域が出題範囲となっています（順不同）。ただし、以下に挙げたものは代表的なものであり、すべてを網羅しているわけではありません。

- クラウドの基礎知識
  - クラウドの種類（IaaS、PaaS、SaaS）
  - リージョンとゾーン
  - IT 基礎知識（ネットワーク、サーバー、DNS）
  - 責任共有モデル
  - 移行戦略
- データ分析
  - リレーショナルデータベース（RDB）
  - BI（ビジネスインテリジェンス）
  - データレイク、データウェアハウス
  - 構造化データ、半構造化データ、非構造化データ
  - Google Cloud のデータ分析系サービス
- 人工知能 / 機械学習（AI/ML）
  - AI/ML の基礎知識
  - Google Cloud の AI/ML 系サービス
- クラウドインフラストラクチャ
  - マイクロサービス
  - 仮想サーバー
  - コンテナ
  - サーバーレス
  - API（Application Programming Interface）
- セキュリティ
  - ネットワークセキュリティ
  - 認証、認可、監査（AAA）
  - DDoS、WAF
  - データ主権（Data Sovereignty）

- クラウド運用
  - ・クラウド利用料金の見積もり
  - ・TCO、ROI、CapEx、OpEx
  - ・SRE（Site Reliability Engineering）
  - ・SLI、SLO、SLA
  - ・権限管理
  - ・サステナビリティ

1.4 本書の構成

本書は、以下の章から成ります。

- 第 1 章　Cloud Digital Leader 資格について
- 第 2 章　クラウドの哲学
- 第 3 章　Google Cloud によるデジタルトランスフォーメーション
- 第 4 章　Google Cloud によるデータトランスフォーメーションの探求
- 第 5 章　Google Cloud の AI を活用したイノベーション
- 第 6 章　Google Cloud によるインフラストラクチャとアプリケーションのモダナイゼーション
- 第 7 章　Google Cloud で実現する信頼とセキュリティ
- 第 8 章　Google Cloud 運用でのスケーリング
- 第 9 章　模擬試験
- 付録

　本節を含む第 1 章では、Cloud Digital Leader 資格の概要や、出題範囲、試験対策の方法などについて説明しました。

　次の第 2 章「クラウドの哲学」では、Google Cloud に限らず、クラウドインフラストラクチャサービスに共通の、一種の「哲学」について解説します。すべての試験問題の根底に流れる考え方を押さえておけば、複数の選択肢の中で迷いが生じたときに、その考え方に沿って解答を選ぶことができます。本書を一通り読み終わった後や、受験の直前に読み返してもよいでしょう。

　第 3 章から第 8 章では、試験ガイドに示されたセクションごとに、クラウドの重要概念を学んでいきます。前述の基礎知識を持っていることを前提に、クラウドならではの知識をアドオンしていくことができます。

　そして、第 9 章「模擬試験」には、1 回分の模擬試験問題を掲載しています。解答欄には解説も付いています。

　さらに、付録として「Google Cloud と AWS の対照表」と「同義語一覧表」を付けました。AWS の知識がすでにある方は、Google Cloud と AWS の対照表を、言葉の言い換えやプロダクト名の置き換えのために活用してください。同義語一覧表では、試験上の訳語と、実務で使う言葉との表記揺れについてフォローします。

　また、本書では随所に「POINT！」というコラムが挿入されています。ここには試験にあたり重要なポイントが記載されています。「POINT！」を見たら、「試験に出るんだな」と思ってください。

第 2 章

クラウドの哲学

本章では、Google Cloud 認定資格の根底に流れる、クラウドの哲学ともいうべき基本的な考え方を紹介します。試験の指針になる考え方であり、またクラウドを使った実業務にも役立ちます。

2.1 クラウドの哲学とは

　Google Cloud 認定資格の試験の根底には、**クラウドの哲学**ともいうべき基本的な考え方があります。これは Google Cloud に限らず、Amazon Web Services（AWS）や Microsoft Azure にもほとんど同じ考え方があてはまるといってよいでしょう。

　選択肢を選ぶときに迷ったら、その哲学に立ち返って考えれば、自ずと正しい答えが導かれます。もちろん例外はありますが、指針があるのとないのとでは大違いです。また、この哲学は、実業務でも役立つものです。

　本書の序盤にこの章を置きましたが、クラウドを学び始めた方にはピンとこない表現もあるかもしれません。また、知らない用語も登場することでしょう。そのときは、本書を一通り読んだり、クラウドの学習がある程度進んでから、本章に戻って読み返してください。また、試験の受験直前にも読み返してください。そのときには本章の内容がスッと入ってくるかもしれませんし、別の新たな発見があるかもしれません。

2.2 クラウドのメリット

スモールスタート

　クラウドは、**スモールスタート**が大原則です。「小さく始めて、大きく育てる」と言い換えることもできます。オンプレミス時代は、IT インフラの調達を決断してから利用可能になるまで、数か月単位の時間が必要でした。例えばサーバーやネットワーク機器であれば、以下のような流れです。

1. サイジング（適切な容量を見積もること）
2. 金額の見積もり
3. 発注
4. 納品・設置場所への搬入
5. 物理的なセットアップ
6. ソフトウェアのセットアップ

　これと比較して、クラウドの場合は以下のワンステップで済みます。

1. リソースの割り当て

　この違いを、「クラウドはオンプレミスに比べて調達の**リードタイムが短い**」と表現します。
　リードタイムとは、ある工程の所要時間のことです。オンプレミス機器は調達から利用開始までのリードタイムが数か月単位なので、事前にサイズや量を綿密に検討したうえで、リソース（CPU の性能やメモリの量、ストレージの量）を利用量のピークに合わせておかなければなりません。なぜなら「足りなくなったら、ちょっと足そう」が容易にはできないからです。
　一方、クラウドの場合は、リードタイムが数秒〜数分です。だから「足りなくなったら、ちょっと足そう」「要らなくなったら捨てよう」が簡単にできるのです。さらに、クラウドは**従量課金**です。利用した分だけを支払う従量課金が基本なので、利

用ボリュームは需要に応じた必要最小限が望ましいです。したがって、繰り返しますが、クラウドはスモールスタートが基本です。小さく始めて、徐々に大きくしていくほうがコストパフォーマンスがよくなります。

 ## 必要なときに、必要なだけ使う

　クラウドは前述のとおり、リードタイムが短く、従量課金です。そのため、リソースを**必要なときに、必要なだけ使う**ことができます。

　ここで、ある情報システムを例に挙げて説明します。そのシステムは、全国各地の店舗の売上などの活動実績を月末日に収集し、特定のロジックに従って計算し、結果をデータベースに保存したうえでダッシュボードに表示します。ダッシュボードを見るのは経営陣や特定のマネージャ層だけなので、月末以外の負荷は大きくありません。ただ、月末の集計処理のときだけ、大きなコンピュートリソースを必要とします。

　このようなとき、オンプレミスだと、利用が一番多いときに合わせて事前にリソースを確保（サーバー、メモリ、ストレージの購入、ネットワークの整備等）しておく必要があります。

　一方、クラウドであれば、必要なときにリソースを追加確保すればよいので、事前に大きなリソースを確保しておく必要がありません。必要なときに CPU やメモリを増設したり、サーバーを追加したり、ストレージを追加確保すればよいのです。負荷が増えたときに自動的にこのような増設を行う仕組み（オートスケーリングといいます）も用意されています。結果的に、クラウドではリソースを効率的に利用でき、金銭的コストも安くなります。

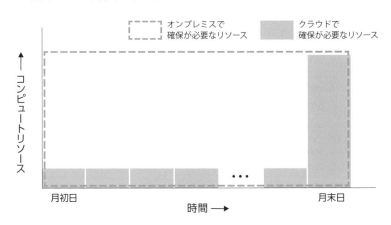

図 2-2-1　オンプレミスとクラウドの確保リソースの違い

わかりやすいメリットはアジリティ

2

　クラウドは「うまい、安い、速い」といわれることがあります。その言葉だけを単純に信じてクラウド導入を進めると、クラウドの月額利用料の高さに驚いたり、社内の承認を得るのが難しくなってしまうことがあるかもしれません。クラウドの「安い」は、金銭以外のコストを含む**TCO**（Total Cost of Ownership）を指しているのですが、お金の面だけを見ると「高い」と思われてしまうのです。詳細を話すと長くなるので、ここでは割愛します。

　そういった難しい理屈を抜きにして、わかりやすくクラウドのメリットとして強調できるのは**アジリティ（迅速性）**です。先ほどの言葉を借りると「速い」の部分です。例えば、サーバーの調達から利用可能になるまでを、わずか数分で実現できるとか、CPU やメモリ、ストレージが足りなくなったらボタン1つで補充できる、というのは誰の目にも明らかな利点です。

　クラウドのアジリティはシステム開発にアジリティをもたらし、現代のビジネスの変化スピードへの追従を可能にします。最もわかりやすいクラウドのメリットはアジリティであると覚えておくとよいでしょう。

2.3 クラウドのアーキテクチャ

マネージドサービスをまず検討

　IT 運用を考慮すると、**管理対象のリソースは少なければ少ないほど望ましい**です。オンプレミスの IT インフラは、管理すべき領域が多いです。例えば、物理機器が故障すれば部品を交換します。OS がクラッシュすれば、原因を取り除いて再起動します。ミドルウェアに脆弱性が見つかれば、アップデートします。このように管理対象が多く、そこに人的コストが割かれます。

　オンプレミスとは異なり、クラウドには**マネージドサービス**というものが存在します。これは、クラウド提供事業者（Google Cloud の場合は Google Cloud 社）がインフラ領域の面倒を見てくれる（マネージしてくれる）サービスです。どの領域までマネージされるのかは、サービスによって異なります。例えば、Google Cloud には Cloud Functions という、ソースコードをアップロードするだけでプログラムを実行してくれる基盤サービスがあります。このサービスでは、図 2-3-1 のように Google Cloud 側がほとんどの領域をマネージします。

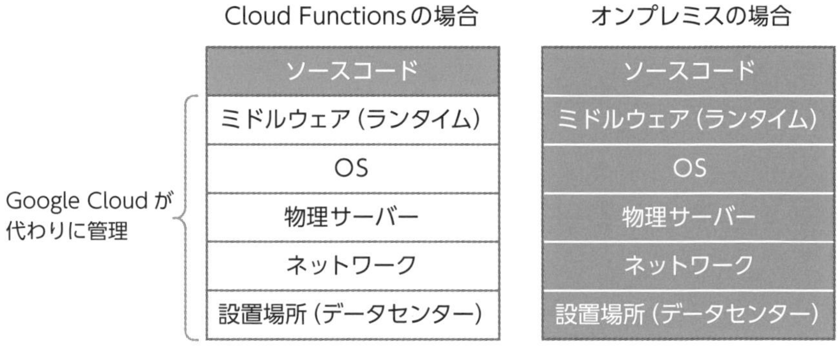

※ 青色の四角 ＝ 私たちが管理しなければいけない部分

図 2-3-1　マネージドサービスの管理対象領域

　よって、利用する製品を複数の中から選ぶ場合、多くのケースで第 1 選択肢とす

べきは**マネージドサービス**です。例えば、仮想サーバーサービスである Compute Engine よりマネージドサービスである Cloud Functions や Cloud Run を優先します。

　ただし、これらのマネージドサービスは Google Cloud が面倒を見ている領域が多い分、制約も多いことに注意してください。試験の問題文の中で、そのような制約があり、マネージドサービスを選べないようになっているという引っ掛けもあり得るので、注意が必要です。例えば、マネージドサービスでは OS レベルのログインができず、独自のソフトウェアもインストールできません（試験には出ませんが、このようにサービスや機能の利用を不可能にしてしまう要素のことを「ノックアウトファクター」と呼びます）。

コスト最適化もアーキテクトの仕事

　「アーキテクト」とは、システムアーキテクチャ（システムの構成）の設計を行う人のことです。アーキテクトは、システムの要件（そのシステムで実現しなければいけないこと）を整理して、それにもとづいてシステムの構成を決定し、利用サービスを選定するなどの役割を担っています。

　前節でも述べたように、クラウドとオンプレミスの大きな違いの1つは、クラウドが従量課金であるということです。使った分だけ課金されるというのはメリットでもありますが、下手な設計をすると無駄にコストがかかってしまいます。そのため、アーキテクトの大きな仕事の1つは、**コスト最適な構成にすること**です。需要を最低限満たすようなサイジングに加えて、利用するサービスやオプションなどを適切に選択することで、クラウドの利用料金は大きく変わります。よって、試験でもコスト最適化を問う問題が多く出題されます。コストパフォーマンスがよくなるようなサービス仕様に注目しておきましょう。

障害は起きる

　クラウドでは、**障害は必ず発生する**という前提でシステム設計をする必要があります。これを AWS では **Design for Failure** と呼んでいます。Design for Failure は他のクラウドでも共通して使える概念です。

　単一のデータセンターに障害が起きても、複数のデータセンター（ゾーン）にシステムを分散しておけば、システムは引き続き使えます。現代のシステムでは、どこか単一箇所で障害が起きてもサービスが停止しないような設計をすることが望まし

いとされています。

　AWS や Google といったクラウド提供事業者が障害を起こすと、一般的に批判の声が上がります。しかし、機械は必ず故障するものである以上、障害は必ず起きます。クラウドを使ってシステムを構築する人が適切に設計を行っていれば、障害が起きてもシステムの可用性を維持することができます。

自動化する

　伝統的な IT の現場では、定常運用作業というものがあります。これは、システムが正常にサービスを提供できるように、月に一度や週に一度といった決まった頻度で行われる定期的な作業のことを指します。

　例えば、溜まってしまったログファイルを退避してバックアップしたり、特定の手順でデータに手を加えたりする作業がこれにあたります。しかし、これは、人がやるにはあまりに単純で退屈な作業であることがほとんどです。「刺身の上にタンポポをのせる仕事」というネットミームがありますが、それに似ています。いわゆる「刺身タンポポ」な仕事は、プログラムで自動化できることがほとんどです。

　クラウドサービスには **Web API** が用意されています。API とは、あるプログラムが別のプログラムから命令を受けるための窓口だと思ってください。クラウドのリソースは API を経由して操作できるため、プログラムを使った自動化が可能なのです。プログラムによる自動化が可能なことを「**プログラマブルである**」といいます。

● 伝統的な定常運用作業

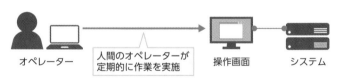

オペレーター　　　人間のオペレーターが　操作画面　　システム
　　　　　　　　　定期的に作業を実施

● 自動化された運用

自動化プログラムが　Web API　　クラウド
定期的に作業を実施　　　　　　　サービス

図 2-3-2　プログラムによる運用の自動化

　例えば、月に一度データの退避が必要なら、その作業を行わせる API を呼び出す
プログラムを書いて、定期的に実行させればいいのです。また、作業によっては、
プログラムを書かなくても簡単に自動化できるように機能が提供されている場合も
あります。例えば、クラウド上の仮想サーバーのバックアップなどは、GUI（Web ブ
ラウザで簡単に操作できる画面）で自動化ができるように画面が提供されているこ
とがほとんどです。

2.4 セキュリティとガバナンス

最小権限の原則

最小権限の原則という言葉も大事です。英語では Principle of Least Privilege といいます。これはクラウドだけで使われる言葉ではなく、一般的な情報セキュリティ用語です。

情報システムでは、**権限管理**（アクセス制御）を行うことで、適切でない利用者が適切でない行動をすることを制限します。例えば人事・給与システムでは、限られた人事担当者以外は、従業員の給与や銀行口座、住所などを閲覧できないようになっているはずです。

クラウドでも、適切な人だけが適切なリソース（クラウド上のモノ。仮想サーバーなど）だけに対する権限を持つべきです。必要な人だけが、最低限必要なモノだけにアクセスできる状態を維持することを「最小権限の原則」といいます。

試験でも、「初期構築時にざっくりと大きな権限を付与してしまったので、セキュリティが緩くなってしまった。適切な状態にするにはどうすればよいか」といった出題が行われます（実は、実際の IT の現場でも「あるある」です）。

クラウド提供事業者とユーザーで責任を共有する

クラウドでは、**責任共有モデル**（shared responsibility、「共有責任モデル」と訳される場合もあります）という言葉が重要です。責任共有モデルは、クラウド提供事業者（Google Cloud や AWS）とユーザー（私たち）の間でセキュリティリスクや法的リスクの責任分界点を明確にするための考え方です。詳しくは第 3 章で解説します。

もし、Google Cloud のデータセンターで悪意を持った人間の犯行によりデータ漏洩が起きたならば（2024 年 5 月現在、そのような実例はありませんが）、それは Google Cloud の責任です。

一方で、例えば Cloud Storage バケットの設定が、ユーザーのミスによりインターネット公開になっていたためデータ漏洩が起こったならば、それはユーザーの責任です。

　なお、Google Cloud では責任共有モデルをさらに一歩進めて運命の共有（shared fate）という概念を提唱していますが、まずは、その基底にある責任共有モデルを正しく理解しましょう。

2.5 迷ったときは

▶ トレードオフを理解する

　システム設計には、どのような場合でも**トレードオフ**があります。トレードオフとは、片方を取るためにはもう片方を諦めなければいけない、といった状況のことです。

　サーバーの台数を増やせば、処理速度は向上しますが、月額利用料金が増えます（パフォーマンス VS 金銭的コスト）。また、セキュリティ設定を細かくすれば、安全性は増しますが、運用が煩雑になり、人の工数が増えます（セキュリティ VS 運用性）。

　試験では、何を優先すべきかが問題文に書かれています。「コスト効率よく実現したい」「セキュリティを最優先としている」などといった具合です。これは何を優先すべきかを示した文ですので、これを見逃さず、適切な選択肢を選んでください。

▶ トライアンドエラーを行い、失敗を責めない

　文化の面でも特徴があります。クラウドでは、**トライアンドエラー**が推奨されます。事前に綿密なサイジングや設計を行うのではなく、まず触ってみます。試してみます。失敗してもいいのです。そして、**失敗をしたときには責めません**。これは単なる綺麗事ではなく、ビジネススピードの速い現代では、そのほうが効率的で利益が大きくなるのです。

　クラウドの登場により、システム開発におけるアジリティ（迅速性）が向上しました。クラウドインフラはリードタイムが短く、スモールスタートできるため、素早く、かつ安くシステム基盤を用意できるからです。それが、現代のビジネススピードの速さに拍車をかけています。そのような速いビジネススピードに追随するには、トライアンドエラーが必須です。そして、失敗をしたときは責めるのではなく、むしろ称賛し、共有します。トライアンドエラーの前に長い時間をかけて協議し、失敗を避けるために綿密な準備をし、失敗を糾弾する、あるいは原因究明に長い時間をかけて人を消耗させるような組織は、現代のスピードに置いていかれますし、クラウドを使いこなすことはできません。

最後はベストプラクティス

ベストプラクティスという言葉があります。これは、「ある場面において最適な手法」という意味です。例えば、「一日の中で、ある VM（仮想サーバー）が使われていない時間が数時間あれば VM を停止するのがベストプラクティスです。そのほうが料金を節約できます」といった具合に使います。

Google Cloud の公式ドキュメント等では、Google が考えるベストプラクティスがしばしば紹介されます。そして、試験では、その**ベストプラクティスに従うのが正解**です。実務経験がある人ほど、問題文や選択肢によっては、「いや、実務ではこんな使い方はしない」と思ってしまうかもしれません。気持ちはわかりますが、あくまで試験です。**迷ったら Google のベストプラクティスに従う**、と覚えておいてください。

本書で「これがベストプラクティスです」と述べている部分は、その選択肢を選んでください、という意味も込めています。

第 3 章

Google Cloud による デジタルトランス フォーメーション

　「Google Cloud によるデジタルトランスフォーメーション」というセクションでは、クラウドがビジネスに変革を起こす理由は何か、オンプレミスと何がどのように違うのか、といった基本的なことが問われます。

3.1 ITインフラストラクチャの基本

　クラウドを理解するには、まず、IT インフラストラクチャ（IT 基盤）の基礎知識をある程度身に付けておく必要があります。本書はクラウドの認定資格の参考書ですが、まずは IT 基礎用語を簡単に学びます。

ITインフラストラクチャ

IT インフラストラクチャとは

　IT インフラストラクチャ（IT 基盤）とは、アプリケーション（ソフトウェア）が動作する基盤のことです。略して、IT インフラと呼ばれることもあります。具体的には、後述するサーバーやネットワーク、DNS、Google が管理する海底ケーブルなどを指します。クラウド登場以前は、IT インフラストラクチャの導入や管理の責任は、IT を所有する企業や官公庁（本書では、単純化のため「企業」に統一します）にありました。クラウド登場以降、Google Cloud をはじめとするクラウド提供事業者のおかげで、企業はこの責任から解放されつつあります。

IT インフラ基礎用語の解説について

　本節では IT インフラストラクチャの基礎用語を簡単に紹介し、詳細には触れません。Cloud Digital Leader 試験は非 IT エンジニアの方の受験も想定されていることから、技術的な深い知識は問われず、抽象的な概念を理解していることが求められます。IT 基礎用語については多くの良書がありますし、インターネット検索でも多くの情報を得ることができます。深く理解したい方は、それらの情報をご参照ください。

基礎的な用語

クライアントとサーバー

　クラウドという言葉の意味を理解するには、まず、情報システムにおける**クライ**

アントと**サーバー**という言葉の意味を理解する必要があります。

実例をもとに話したほうがわかりやすいので、身近なスマートフォンアプリを例にとって説明します。具体的には、スマートフォンに SNS アプリをインストールして、これを使ってメッセージを投稿するケースを考えてみます。あなたが投稿したメッセージは、不特定多数の人からインターネット越しに閲覧されます。これは図 3-1-1 のような仕組みになっています。

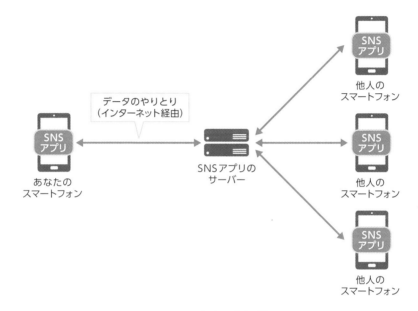

図 3-1-1　SNS アプリの例

他の SNS 利用者は、あなたのスマートフォンの中にあるメッセージを見に来ているわけではありません。メッセージを投稿すると、メッセージはあなたのスマートフォンからサーバーという、企業が持つ大きなコンピュータに送られ、保存されます。他の SNS 利用者は、サーバーに保存されたメッセージを閲覧しているのです。

このように、サービスを提供する主体のことを**サーバー**といい、アクセスする側（サービスを享受する側）の主体を**クライアント**と呼びます。

スマートフォンアプリ以外の例では、Web サイトもクライアントとサーバーの概念で成り立っています。Web サイトもサーバーによって提供されており、このときのサーバーを Web サーバーと呼ぶこともあります。また、この場合は、Microsoft Edge や Chrome、Safari などのブラウザアプリがクライアントにあたります。さらに、会社組織などでよく聞く言葉に「ファイルサーバー」があります。ファイルサーバー

も、ファイル置き場というサービスを提供するサーバーの一種です。

　それでは、クライアントとサーバーの実体はどこにあるのでしょうか。クライアントは、目の前にあるスマートフォンやパソコンの中にある、ということはわかったと思います。一方、サーバーは、どこにあるのかというと、サービスを提供する企業などが持っている大きなコンピュータが実体です。

　サーバーを自社で管理するのが**オンプレミス**、クラウド提供事業者が管理するのが**クラウド**ということになりますが、詳しくは次節（3.2節）で解説します。

▶ ネットワーク

　ネットワークとは、サーバーとサーバー同士や、サーバーとクライアントの間をつなぐ仕組みのことです。ネットワークは光ファイバーや同軸ケーブルなど有線の場合もありますし、無線の場合もあります。また、ネットワークと別のネットワークは、相互に接続することができます。世界規模で相互につながっているネットワークが**インターネット**です。本書ではネットワークやインターネットについて詳細は触れませんが、ネットワークも IT インフラストラクチャの重要な要素であるということを理解してください。

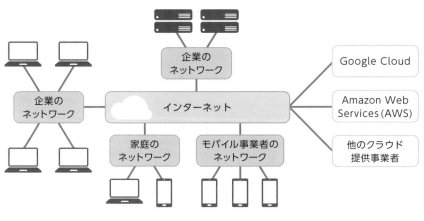

図 3-1-2　ネットワーク

　Google や AWS などの大規模なクラウド提供事業者の特徴として、高性能な独自のネットワークを持っていることが挙げられます。Google は**海底ケーブル**を保有しており、大陸をまたがった高速な通信を可能にしています。Google は、こういった強力な IT インフラをもとに、世界中に保有するデータセンター同士を高速なネットワークで接続しています。

▶ 帯域幅とレイテンシ

　ネットワークに関連する用語として、**帯域幅**と**レイテンシ**という 2 つの用語を理解してください。帯域幅とは、ある単位時間の中でネットワークが一度に送受信できるデータの量のことです。レイテンシとは、データがある場所から別の場所に到達するまでにかかる時間のことです。ネットワークを車が走る道路に例えて、「帯域幅は道路の幅、レイテンシは車の速度」と表されることもあります。

　例えば、ファイルサーバーから手元のパソコンにファイルをダウンロードする速度が遅い、と感じたとき、それは帯域幅が十分に確保できていないのかもしれません。オンラインゲームをやったことがある方は、ラグが大きい（対戦相手のキャラクターの動きなどが画面に反映されるまでのタイムラグが大きい）ことにストレスを感じたことがあるかもしれません。これは、レイテンシが大きいことで、相手方の動きが自分に届くのに時間がかかっていると考えられます。

　電気信号は光の速度で伝達されるはずなのに、なぜレイテンシが問題になるのか、不思議に思う方もいるでしょう。すべてのネットワークが 1 本の回線で接続されていれば、確かにレイテンシはほとんど問題にならないかもしれません。しかし実際には、多くの機器がケーブルで相互に接続されて、ネットワークが実現しています。それらのネットワーク機器が、情報をどこに振り分けるか判断するために計算処理をしたり、長い距離を伝わるうちに減衰した電気信号を補完したりしながら、通信が行われています。間に多くのネットワーク機器があればその分、処理の時間がかかるので、一般的に、**地理的に離れていれば離れているほど、レイテンシは大きく**（遅く）なります。

▶ IP アドレス

　あるクライアントからの通信が、あるサーバーに到達するには、ネットワークを経由して正しい宛先を目指す必要があります。クライアントやサーバーなど、ネットワーク上の機器の住所にあたるのが**IP アドレス**です。IP アドレスは、192.168.0.1 などのように数字で表されます。この例で示した IPv4 アドレスというバージョンと、より新しい IPv6 というバージョン（IPv6 アドレスはコロン記号でつながった英数字で表される）が一般的に使われていますが、試験では深く問われません。IP アドレスはネットワーク上の機器の住所である、と理解していれば十分です。

▶ DNS

　試験では、**DNS**（Domain Name System）という用語が問われます。前述の IP アドレスは数字または英数字の羅列であり、人間にとっては覚えにくいものです。例えば 100.115.92.xx といった数字よりも、google.com という英単語のほうが覚えやすいはずです。DNS はこのように、IP アドレスに覚えやすい名前を付けるための仕組みです。付けた名前は**ドメイン名**と呼ばれます。

DNS はドメイン名と IP アドレスをマッピングする仕組みである、と覚えてください。マッピングとは「紐付ける」「対応付ける」などを意味し、IT 用語としてよく使われます。

　ドメイン名と IP アドレスの対応表は DNS サーバーというサーバーに保管されており、インターネット事業者や企業などが管理しています。私たちがパソコンやスマートフォンから Web サイトを見に行くとき、ブラウザは、DNS サーバーにドメイン名を問い合わせます（これをクエリともいいます）。すると DNS サーバーは、そのドメイン名に対応する IP アドレスを返します。ブラウザは DNS サーバーから IP アドレスを受け取ると、あらためてその IP アドレスにアクセスします。この流れで、Web サイトが閲覧できます。ドメイン名を DNS サーバーに問い合わせて IP アドレスを受け取るまでの一連の流れを、名前解決といいます。

3.2 クラウドコンピューティングの基本

本書を手にしている方であれば、間違いなく「クラウド」という用語を聞いたことがあるはずです。しかし、その定義を正確に説明できるでしょうか。ここでは、基本的な IT 用語とあわせて、クラウドの基本を解説します。

クラウドの基本知識

オンプレミス

クラウドの対義語は「**オンプレミス**」です。オンプレミスとは、サーバー機器（あるいは情報システム）を自社で管理する形態を指します。つまり、サーバー機器を自社で購入し、自社あるいは借用した建物内に設置し、運用・管理する形態のことです（「自社」と表記しましたが、当然ながら官公庁やその他の組織の場合もあります。本書では、文章の簡素化のために「自社」としています）。

オンプレミス方式では、サーバー機器だけでなく、それにともなう電源装置やネットワークなども導入、管理、および運用する必要があります。クラウドが登場する前は、そもそもオンプレミス以外の選択肢がなかったので、この用語（オンプレミス）はクラウドが出現してから使われるようになりました。

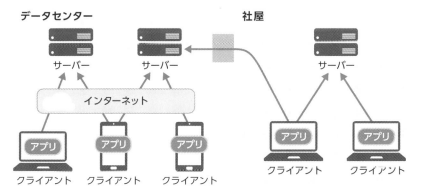

図 3-2-1　オンプレミス

▶ クラウド

　クラウドとは、自社でサーバー機器を購入・設置したり管理・運用したりすることなく、ネットワーク経由でサーバー機器の情報処理能力だけを受け取る方式を指します。クラウドコンピューティングと呼ばれることもあります。

　イメージしやすいように実例を挙げると、例えば Google Cloud には **Compute Engine** というサービスがあります。Compute Engine では、ボタン 1 つで「仮想的なサーバー（仮想サーバー）」が起動します。私たちはこれにログインしたりソフトウェアをインストールしたりして、自由に使うことができます。この仮想的なサーバーは私たちの会社の敷地内にあるわけではなく、Google が保有するサーバー機器の中にあります。これをインターネット越しに利用できるのです。

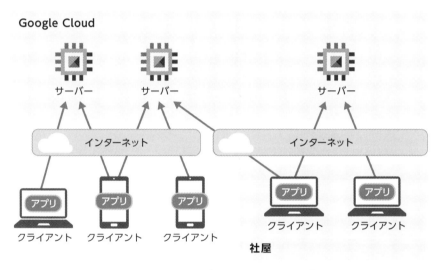

図 3-2-2　クラウド（Compute Engine の例）

　さらに、この仮想サーバーは、CPU やメモリなどの計算資源（**リソース**といいます）を自由に増やしたり減らしたりすることができます。使ったら使った分だけの従量課金が原則なので、リソースを増やせば性能が上がる代わりに料金が高くなり、減らせばその逆になります。

　さて、クラウドという言葉自体は諸説ありますが、Google の CEO だったエリック・シュミット氏が 2006 年に行ったスピーチが起源ともいわれています。また、同じ 2006 年には、AWS が最初期のクラウドサービスの 1 つである Amazon S3 の提供を開始しました。そこからクラウドは技術的かつ商業的に急激な発達を見せます。

日本では、2011 年に AWS が東京リージョンの提供を開始したことを 1 つの境に、2010 年代の 10 年間をかけて急速に普及しました。上場企業の多くがクラウドを利用するようになったほか、政府までもが 2017 年の「世界最先端 IT 国家創造宣言・官民データ活用推進基本計画」および「デジタル・ガバメント推進方針」においてクラウド・バイ・デフォルト原則（システム選定の際にはクラウドを第一選択肢とする原則）を打ち出すに至りました。

▶ クラウドネイティブ

　クラウドの利用に対する考え方として、**クラウドネイティブ**という言葉があります。クラウドネイティブとは、根底からクラウドを前提として設計する考え方を指します。多くの企業では、オンプレミスで稼働しているアプリケーションを、構成を変えずにクラウドへ移行するケースがよくあります。しかしクラウドネイティブな考え方はそれとは違い、クラウドを前提としてシステムを設計します。クラウドネイティブな考え方により、クラウドの利点を最大限活かすことができます。

クラウドとオンプレミスの違い

▶ クラウドの 3 つのメリット

　なぜ、政府までもが「クラウド・バイ・デフォルト」を打ち出すほどに、クラウドは有用とされているのでしょうか。それは、クラウドに「**アジリティ**」「**スケーラビリティ**」「**コスト**」という 3 つのメリットがあるからです。

▶ アジリティ

　アジリティ（迅速性）とは、導入決定から利用開始までのスピードを指します。初期導入のリードタイムが短いことに加え、運用開始後に設定変更をしたいときのスピードもオンプレミスとは段違いです。その理由は、クラウドが仮想化の技術を基盤としているからです。

　仮想化とは、物理的な機器の上に論理的なレイヤを置いて利用する技術です。例えば次ページの図3-2-3のように、サーバー用のコンピュータ機器が物理的に 5 台ある場合、これを仮想的に 10 台として使うことができるようになります。なお、本来の広義の仮想化の意味を説明すると長くなるので、ここではざっくりと理解してください。

● 5台の物理サーバーを仮想的に10台として使う

図 3-2-3　サーバーの仮想化

　Google Cloud の Compute Engine でいえば、実際には Google が自社のデータセンターで無数の物理サーバーを運用しており、私たちユーザー（利用者）は、その上で仮想的なサーバーを起動して利用できるようになっています。Google が事前に需要を見越して大量のサーバーを安価に導入・運用し、それを仮想化した一部を私たちが有償で借りて利用しているイメージです。仮想化されたサーバーなので、必要なときにボタン 1 つで起動でき、迅速に利用を開始できます。

▶ スケーラビリティ

　クラウドのもう 1 つのメリットは**スケーラビリティ**です。スケーラビリティとは、リソースを自在に増やしたり減らしたりできる性質のことです。また、リソースを動的に増やすことを「スケールする」または「スケーリングする」といいます。

　前述のとおり、クラウドでは仮想化されたリソースを迅速に調達できます。つまり、必要なときに必要なだけリソースを調達できるのです。この性質は**柔軟性**と呼ばれることもあります（柔軟性とスケーラビリティは別概念とされることもありますが、ここでは似たものだと認識していれば問題ありません）。

　例えば、ある日の晩に、人気テレビ番組内で自社の商品の CM を放映したとき、その一晩だけ自社のサーバーへの負荷が高まることが予想されるとします。この場合、あらかじめテレビ番組の放映前にリソース（仮想サーバーの数や、CPU やメモリなど）を増強しておき、負荷が落ち着いたらリソースを手放すことで、コスト効率よく目的を達成できます。

　リソースの増減は、人間の判断で手動で行えるほか、プログラムに自動的に判断させることもできます。仮想サーバーはボタン 1 つで数を増やしたり、CPU やメモリを増強できますが、ボタンを押す作業は人間が行う必要はなく、プログラムで自動化できます。そのため、例えば「サーバーへのアクセスが急激に増えたとき、自動的にサーバーを追加で起動する」といったルールを事前に定義しておけば、アク

セスの増減に応じて自動でサーバーの数を増減させることが可能です。このように、自動的にリソースを増減させることを**オートスケーリング**といいます。

　なお、負荷が高まったときにサーバーの数を増やして性能を上げることを**スケールアウト**といいます。逆に負荷が下がり、サーバーの数を減らすことを**スケールイン**といいます。スケールアウトやスケールインによってスケーラビリティを調整することを**水平スケーリング**といいます。

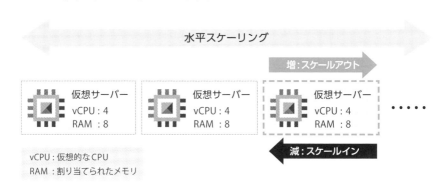

図 3-2-4　水平スケーリング

　また、サーバーの数を増やすのではなく、CPU やメモリなどのリソース割り当てを増やして性能を上げることを**スケールアップ**といいます。逆に負荷が下がり、リソースの割り当てを減らすことを**スケールダウン**といいます。スケールアップやスケールダウンによってスケーラビリティを調整することを**垂直スケーリング**といいます。

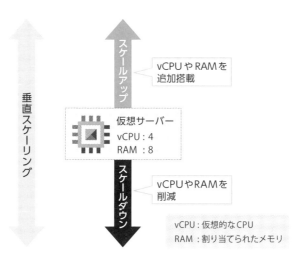

図 3-2-5　垂直スケーリング

　水平スケーリングと垂直スケーリングは、どちらがよいということではなく、両者を組み合わせたり、使い分けたりします。垂直スケーリングは、きめ細かく性能を調整できるメリットがある反面、サーバーを再起動する必要があり、アプリケーションが一時的に停止してしまうデメリットがあります。水平スケーリングは、アプリケーションを停止することなくスケーリングできるメリットがありますが、細かい調整ができなかったり、アプリケーションの仕組みを水平スケーリングに対応させる特別な調整が必要になるというデメリットがあります。

　このことから、一時的で急激な負荷の高まりに対応する必要がある場合は、水平スケーリングが使用されます。一方で、恒久的にサーバーの能力を向上させるような場合には、垂直スケーリングが選択されます。

POINT!

クラウドでは、高いスケーラビリティを活かして、システム利用者が急増したときに迅速に（数秒から数分で）対応することができます。しかし、オンプレミスのサーバーではそうはいきません。オンプレミスのサーバーでは、利用者が短時間のうちに急激に増えると、スペック不足（リソース不足）でサーバーが停止してしまうこともあります。

▶ コスト

　クラウドを用いると、**コスト**の面でもメリットがあります。単純に月額利用料金（金銭的コスト）を比較すると、オンプレミスよりもクラウドのほうが高価に見えるときもあります。しかし、人的コストなどを含めた総合的なコスト、すなわち**TCO**（Total Cost of Ownership）を比較すると、クラウドに軍配が上がります。コストについては第 8 章で詳述します。

クラウドの種類

▶ 3 種類のクラウド

　ここまで一口に「クラウド」という言葉を使ってきましたが、クラウドにも種類があります。「クラウド提供事業者（Google Cloud や AWS）がどの範囲までを管理し、どの範囲からをユーザーに提供するのか」という観点で区分すると、次の 3 種類に大別できます。

▶ IaaS

IaaS（アイアースまたはイアース）は Infrastructure as a Service の略称であり、クラウド提供事業者が情報システムの物理基盤をサービスとして提供します。

Google Cloud では、仮想サーバーを提供する **Compute Engine** や、仮想的なネットワークを提供する **Virtual Private Cloud（VPC）** が IaaS に該当します。Compute Engine では、Linux や Windows Server などの OS がインストールされた状態の仮想サーバーが提供され、その中をどのように使うかはユーザーに委ねられています。Compute Engine や VPC については、第 6 章で解説します。

IaaS では、ハードウェアの初期導入や更新、セキュリティはクラウド提供事業者（Google Cloud）の責任範囲になります。私たちユーザーは、Compute Engine の VM（仮想サーバー）をどう組み合わせるかや、VPC のネットワークをどのように更新するかなどについて責任を負います（責任範囲に関しては P.49 の図 3-2-7 をご参照ください）。

▶ PaaS

PaaS（パース）は Platform as a Service の略称であり、アプリケーションが動作するプラットフォーム（動作環境）を提供するサービスです。IaaS との違いは、クラウド提供事業者が管理する領域が広いことです。IaaS では OS レイヤ以上がユーザーに委ねられていますが、PaaS では OS やミドルウェア（アプリケーションが動作するために必要な基盤ソフトウェアの総称）までクラウド提供事業者が管理・提供してくれます。

Google Cloud では、ソースコードをアップロードすればすぐアプリケーションが動作する **Cloud Functions** や、Web アプリケーションのホスティング（アプリケーションを " 載せる " こと）に適した **App Engine** などが PaaS に該当します。

PaaS では、ユーザーは OS の管理（初期設定、パッチ適用、停止・起動など）をする必要がなく、プログラムの開発に専念できます。その代わり、IaaS よりもカスタマイズ性に劣ります。

▶ SaaS

SaaS（サース）は Software as a Service の略称です。ソフトウェアの領域までクラウド提供事業者が管理・運用するので、ユーザーはソフトウェアを利用するだけでよいことになります。

Google Cloud では、**Looker** や **Looker Studio**（いずれも BI ツール ＝ Business

Intelligence ツール。ビジネス上の指標を示すデータをダッシュボード化して可視化する）などのサービスが SaaS に該当します。Google のコラボレーションツールである **Google Workspace** も SaaS です。

　IaaS や PaaS と比べると、アプリケーション開発の必要性がない分、導入・運用コストを最も抑えて利用できますが、カスタマイズ性という点では最も劣ります。SaaS では、ユーザーは提供されたサービスをそのまま使うほかありません。

▶ IaaS、PaaS、SaaS の使い分け

　ここまで見てきたように、IaaS、PaaS、SaaS は導入・運用コストとカスタマイズ性にトレードオフの関係性があります。

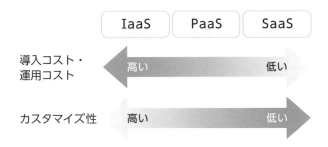

図 3-2-6　IaaS、PaaS、SaaS のトレードオフ

　現代の IT では、クラウドの 3 つのメリットを得るために、新規に情報システムを導入する場合は可能な限り導入・運用コストの低い SaaS を選択すべきです。ただし、システムの要件上、カスタマイズ性が必要なときは PaaS を検討し、最後に IaaS での実装を検討します。

▶ 責任共有モデル

　IaaS、PaaS、SaaS では、クラウド提供事業者とユーザーがそれぞれ持つべき責任範囲が異なることも押さえておいてください。図 3-2-7 はクラウド提供事業者とユーザー、それぞれの責任範囲を示したものです。

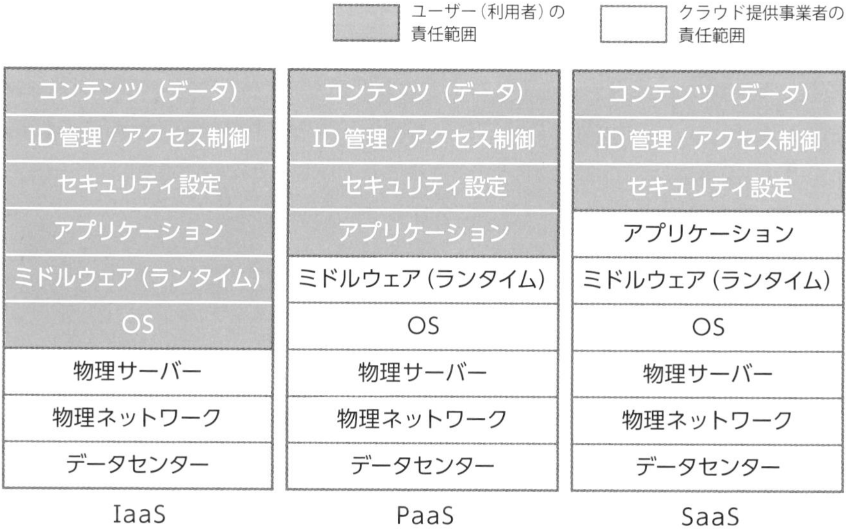

| ユーザー（利用者）の責任範囲 | | クラウド提供事業者の責任範囲 |

コンテンツ（データ）	コンテンツ（データ）	コンテンツ（データ）
ID管理／アクセス制御	ID管理／アクセス制御	ID管理／アクセス制御
セキュリティ設定	セキュリティ設定	セキュリティ設定
アプリケーション	アプリケーション	アプリケーション
ミドルウェア（ランタイム）	ミドルウェア（ランタイム）	ミドルウェア（ランタイム）
OS	OS	OS
物理サーバー	物理サーバー	物理サーバー
物理ネットワーク	物理ネットワーク	物理ネットワーク
データセンター	データセンター	データセンター
IaaS	PaaS	SaaS

図 3-2-7　責任共有モデル

　このようにクラウド提供事業者とユーザーが責任を共有する考え方を、**責任共有モデル**と呼びます。

Google Cloud

▶ Google Cloud とは

　ここまでクラウドの概要を述べてきました。さて本項では、Googleが提供するクラウドサービス群「**Google Cloud**」について説明します。Google Cloud は、IaaS である Compute Engine や Virtual Private Cloud、PaaS である Cloud Functions や App Engine、SaaS である Looker など、さまざまなサービスを含んでおり、情報システム基盤やデータ分析、機械学習・AI などの目的で利用されます。競合サービスとしては AWS や Microsoft Azure があり、一般的には、これらとともに3大メガクラウドの1つとされています。

▶ Google Cloud の物理インフラストラクチャ

　Google Cloud は、複数の**リージョン**と**ゾーン**で構成されています。また、これらを総称して**ロケーション**と呼びます。

　リージョンはアイオワ（us-central1）、ロンドン（europe-west2）、シンガポール（asia-southeast1）、東京（asia-northeast1）、大阪（asia-northeast2）など、2024 年 5 月現在で全世界に 40 個存在しており、増え続けています。リージョンは都市名で表されており、その都市の近郊にある Google のデータセンターで構成されています。1 つのリージョンは 3 つ以上のゾーンで構成されていることが多いです。

　ゾーンは、リージョンの中のさらに小さい単位です。1 つ以上のデータセンターで構成されており、単一の障害ドメイン（障害範囲）とみなすことができます。例えば、自然災害や大規模な停電などの事態で影響を受けるのは、多くの場合で単一ゾーンです。ゾーン名は asia-northeast1-a、asia-northeast1-b など、リージョン名に -a、-b、-c などを付与した形になっています。

　Google Cloud を利用してリソースを配置する際、多くの場合、配置先のリージョンまたはゾーンを選択できます。このとき、例えば Compute Engine の VM を複数のゾーンに配置することで、単一のゾーンが障害を起こしてもサービスを継続することができます。

　リソースを配置するときは、リソースの**ユーザーと地理的に近いロケーションに配置**することが望ましいです。これにより、ネットワークのレイテンシを最小限に抑えることができます。例えば、日本国内のユーザーをターゲットにしたサービスを北米のリージョンに配置してしまうと、その分、ネットワークのレイテンシが大きくなり、システムの使用感（ユーザー体験と呼びます）が悪くなる可能性があります。また、そのサービスで扱うデータが国外に配置されることになるので、データの内容によってはコンプライアンス上の問題が発生する場合もあります。

　一方、ユーザーが全世界に存在するようなグローバルなサービスであれば、リソースを**複数のリージョンに配置**することも検討します。ユーザーに最も近いリージョンにアクセスするよう設定し、各国のユーザーに最適な体験を提供できます。

　なお、Google Cloud のリージョン同士やゾーン同士は、帯域幅が広く、レイテンシが低いネットワークで相互に接続されています。そのため、別々のリージョンやゾーンに配置された Google Cloud リソース同士が通信する場合は、通常のインターネット経由よりも高速な通信が可能です。

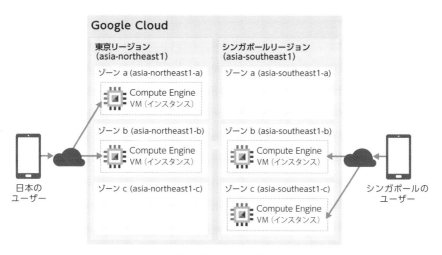

図 3-2-8　リージョンとゾーン

POINT!

例えば、日本のリージョンで展開済みのアプリケーションに米国のユーザーからの
アクセスが増加し、レイテンシが大きくなっているようなケースでは、米国内の
リージョンにもアプリケーションを展開する、という解決策が考えられます。

3.3 クラウドの利用形態

　試験では、パブリッククラウド、プライベートクラウド、ハイブリッドクラウド、そしてマルチクラウドの違いを理解しているかどうかが問われます。どのようなケースで、どのクラウドを選択すべきか、答えられるようにしておきましょう。技術的な詳細ではなく、概念を理解しているかが重要です。

▶ パブリッククラウド、プライベートクラウド

▶ パブリッククラウドとは

　パブリッククラウドとは、クラウドサービスのうち、インターネット経由で提供され、複数の顧客（組織）によって利用されているサービス形態を指します。Google Cloud、AWS、Microsoft Azure などがこれにあたります。

　これらのクラウド提供事業者は、高い技術と大規模なデータセンターを保有しており、顧客となる企業が自らインフラを保有することなく、最先端の技術と大規模なコンピュートリソースを利用できることが特徴です。

▶ プライベートクラウドとは

　プライベートクラウドは、パブリッククラウドとは対照的に、企業が自らクラウド環境を構築し、自社や関連会社に提供する形態を指します。構築に使用される技術によっては、クラウドのメリットであるスケーラビリティなどを得ることもできますが、大きな初期導入コストや運用コストがかかります。

▶ ハイブリッドクラウド

▶ ハイブリッドクラウドとは

　ハイブリッドクラウドとは、オンプレミスとクラウドをハイブリッドで、つまりミックスして利用する形態を指します。近年、多くの企業がインフラとしてクラウドを利用するようになりましたが、すべてのサーバー機器やネットワーク機器など

をクラウドへ移行できる企業は限られています。ある程度の歴史がある企業のほとんどが、既存のオンプレミス環境と新しく作ったクラウド環境を、インターネットVPN（Virtual Private Network）や専用線を使って接続し、ハイブリッドクラウドの形式で利用しています。

クラウドへ完全に移行するのではなくハイブリッドクラウドを選択する理由を、以下に例示します。

- 大量のサーバーやソフトウェアがあるため、順次クラウドに移行しているが、過渡期はハイブリッドクラウドとなる
- 汎用機や古い OS、古いソフトウェアがクラウドに対応していないため移行できない
- ネットワークレイテンシなど要件上の制約からクラウドに移行できない
- 機密情報を扱うシステムなどを、コンプライアンス上の理由でクラウドに移行できない

▶ ハイブリッドクラウドの実現方法

ハイブリッドクラウドは、クラウドとオンプレミスをインターネット VPN や専用線で接続することが多いです。オンプレミスと Google Cloud を接続するためのサービスとして、専用線接続サービスである **Cloud Interconnect** や、インターネット VPN サービスである **Cloud VPN** が提供されています。図 3-3-1 は、Cloud Interconnect を利用した構成の例です。

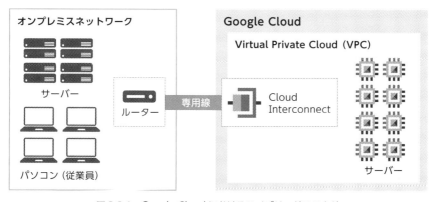

図 3-3-1　Google Cloud におけるハイブリッドクラウド

マルチクラウド

▶ マルチクラウドとは

マルチクラウドとは、複数のクラウドサービスを使う利用形態を指します。今や、ほとんどの企業がマルチクラウドを採用しています。営業支援システムとして Salesforce を、メールとして Gmail を、ファイル共有として Box を、インフラとして Google Cloud を使う、といった具合です。

マルチクラウドのメリットは、それぞれのクラウドサービスの強みを活かせることです。業務システム（インフラ）を AWS で稼働させ、データ分析を Google Cloud で行う、というのは日本でもよく見られるマルチクラウドです。

▶ マルチクラウドの実現方法

マルチクラウドの実現方法は、ハイブリッドクラウドと類似しています。Google Cloud と他のクラウドは、図 3-3-2 のようにネットワークで接続され、データのやりとりを行います。

試験では問われないため、あくまで参考情報ですが、Google Cloud は、BigQuery によるデータ分析が他のクラウドと比べて強みとして認識されることが多いため、他のクラウドからデータを受け取り、データ分析処理を Google Cloud で行うこともよくあります。

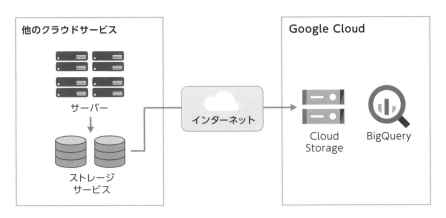

図 3-3-2　Google Cloud におけるマルチクラウド

3.4 クラウドの導入プロセスと財務

　本節では、クラウドとシステム開発の関係を解説します。技術的な内容ではありませんが、クラウドを使用してシステム開発を行うにあたって、関係者が知っておくべき知識を紹介します。また、クラウドの導入にあたって検討が必要な財務的観点についても理解しましょう。

クラウドの導入プロセス

▶ システム開発

システム開発は通常、図 3-4-1 のようなプロセスを経ます。

図 3-4-1　システムのライフサイクル

　上図は、筆者が簡略化のためにオリジナルで作成したもので、何らかの標準にもとづいたものではありませんが、概ね日本で一般的に用いられている呼称に従っています。広く一般的に使われているシステム開発プロセスについては、独立行政法人 情報処理推進機構（IPA）が刊行している『共通フレーム 2013』が参考になります。興味がある方はそちらもご覧ください。

【参考】SEC BOOKS：共通フレーム 2013 - 情報処理推進機構
　　　　https://www.ipa.go.jp/publish/secbooks20130304.html

　この基本的な開発プロセスは、オンプレミスでもクラウドでも同じです。ただし、クラウド時代では、より速いビジネス変化に追従するために、新しい開発・運用の考え方が生まれています。これについては第6章で詳しく説明します。本章ではまず、基本的な開発プロセスを意識してください。

▶ クラウドの優位性

クラウドを導入すると、システム開発にどのようなメリットがあるのでしょうか。本章の3.2節では、クラウドの3つのメリットを挙げました。その中でもシステム開発にダイレクトに影響を与えるのは、**アジリティ(迅速性) の向上**です。

クラウドインフラを利用する場合、ユーザーがハードウェアを調達する必要がなくなり、リードタイムが短くなるため、開発のスピードはこれまでよりも速くなります。一方で、システム開発の基本的なプロセスは変わりません（SaaS を利用する場合のみ、システム開発自体不要です）。また、クラウドを利用するからといって可用性が100% になるわけでもありません。第2章で述べたように、クラウドでは、障害が起きるものとしてシステムをデザインしなくてはなりません。

また、Google Cloud が主張するクラウド導入のメリットとしては、「IT が近代化することにより、デジタルトランスフォーメーションにつながる」というものがあります。デジタルトランスフォーメーションとは、IT 技術を活用することで、ビジネスプロセスやビジネスモデルを変革することを指します。ここで重要なのは、クラウドによるデジタルトランスフォーメーションは単なる電子化や IT コスト削減ではなく、**ビジネスプロセスを変革するきっかけ**にもなり得る、ということです。

▶ ベンダーロックインの回避

クラウド導入を検討する際に話題に上がるのが、**ベンダーロックイン**という言葉です。ベンダーロックインとは、特定のベンダー（提供事業者）の技術に依存してしまい、他の選択肢を取りづらくなってしまうことをいいます。例えば、クラウドにシステムを移行することで、システムがそのクラウド提供事業者の技術に依存してしまい、経済合理性を持って他のプラットフォームに移行することが難しくなってしまうのではないか、という懸念です。

Google は、ベンダーロックインを回避するために、**オープンスタンダード**（オープン標準）にもとづいた技術を選択することを推奨しています。オープンスタンダードの定義は諸説ありますが、多くの人が公然と、無料で利用できる標準を指します。代表的なものは、**オープンソースソフトウェア**（OSS）です。OSS では、ソースコードが一般公開されており、特定の条件のもとで改変や再配布が認められています。OSS は多くのクラウドプラットフォームや、オンプレミスでも動作可能であること、また特定の企業に依存していないことなどから、ベンダーロックインを回避することにつながります。

クラウドの財務

▶ 初期費用と維持費用

システム導入においては、クラウドかオンプレミスかに関わらず、**初期費用**と**維持費用**が発生します。維持費用はランニングコストとも呼ばれます。

初期費用は、以下のようなお金です。

- 機器の購入費用
- 機器のセットアップ作業費用
- ソフトウェアやライセンスの購入費用
- ソフトウェアのインストールや初期設定に必要な作業費用
- ソフトウェアの開発やカスタマイズにかかる作業費用

維持費用は、以下のようなお金です。

- 機器を設置する場所の費用
- 機器が使う電気の料金
- 機器が故障したときの修理費用や部品の料金
- 障害が起きたときに、調査や復旧にかかる作業費用
- リソース（CPU やメモリ、ストレージなど）が足りなくなったときに機器を買い足す費用
- 機器を買い足したときに、セットアップにかかる作業費用

ここでは、「作業費用」すなわち人件費（外注費を含む）も挙げられていることに注目してください。つい忘れがちですが、IT コストは機器やライセンスだけでなく、人件費も考慮する必要があります。なお、日本の SIer（システムインテグレーター）では、人件費とほぼ同義で「工数」という言葉も使われます。

初期費用と維持費用のボリュームと発生タイミングをグラフにすると、次ページの図3-4-2のようになります。

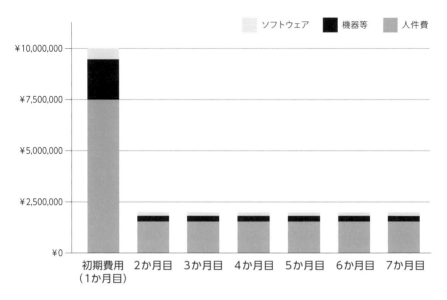

図 3-4-2　初期費用と維持費用の例

▶ オンプレミスとクラウドの費用の違い

　システム導入に初期費用と維持費用がかかるのはオンプレミスでもクラウドでも同じですが、費用のかかり方には違いがあります。

　オンプレミスでは、**初期費用が大きくかかります**。オンプレミスの場合は、今後必要になると見込まれるリソース（CPU やメモリ、ストレージなど）の最大量をあらかじめ見積もっておき、十分な数の機器を事前に購入する必要があります。それは、リソースが足りなくなったときに、機器を買い足してセットアップし、使える状態になるまでに長い時間がかかるからです（この時間をリードタイムともいいます）。図3-4-3は、オンプレミスのシステムで初期費用が大きくかかる様子を表しています。

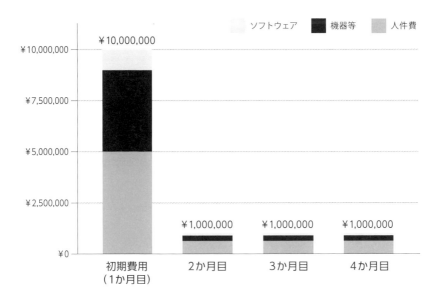

図 3-4-3　オンプレミスの場合の例

　一方、クラウドでは、**初期費用はオンプレミスに比べて小さくなります**。クラウドは**スモールスタートが原則**です。なぜなら、クラウドでは足りなくなったときに**容易かつ迅速にリソースを追加することができる**からです。Web コンソール（操作画面）からの操作だけで、必要に応じてストレージやサーバーを追加できます。また、利用料金が**従量課金**なので、追加の初期費用はかかりません。そのため、最初はリソースを少なめに確保しておき、必要になったら追加する、ということが容易です。

　図 3-4-4 は、クラウドでのシステム導入時の費用のかかり方を表しています。

図 3-4-4　クラウドの場合の例

　初期費用の大きさの違いの他に、オンプレミスとクラウドでは維持費用の内訳が異なっていることにも注目してください。

　「クラウドは高い」といわれることがありますが、これは、クラウドの月額利用料金だけに注目したときに発せられる言葉です。実際にオンプレミスとクラウドの維持費用を比較してみると、オンプレミスの維持・運用では、機器の管理やそれを納品するベンダーとのやりとり、社内での資産管理、経理処理など、目に見えづらい人件費が発生します。一方、クラウドではこれらの人件費が抑えられることを考えると、TCO（総所有コスト）の点ではクラウドに軍配が上がるといえます。

▶ TCO と ROI

　ここで、試験に向けて 2 つの言葉、TCO と ROI を覚えてください。

　TCO は Total Cost of Ownership の略で、「総所有コスト」を意味します。これは、IT の導入・維持にかかるすべての費用を指しています。例えば、あるシステムの導入費用として 100 万円かかり、その後、このシステムが廃止されるまでの 1 年間で維持費用が毎月 10 万円かかったとします。このシステムが 1 年間で必要とした総所有コスト、すなわち TCO は 210 万円です。

図 3-4-5　TCO

ROI は Return on Investment の略で、「投資利益率」を意味します。ROI は、投資したお金に対するリターンの割合です。システムは何らかの目的のために導入され、その初期費用や維持費用は投資とみなすことができます。そして、その投資によって何らかの事業を行ったり、業務を効率化し従業員の労働時間を削減したりすることができます。ROI は「利益 ÷ 投資金額 × 100」で計算され、パーセンテージ（%）で表されます。例えば、TCO が 210 万円のシステムで、結果的に 300 万円の利益が得られた場合、ROI は 300 万円 ÷ 210 万円 × 100 で約 143% となります。

ROI という用語は、「初期費用を抑えつつ、運用中も効率よくクラウドリソースを使うことで**ROI を最大化**しよう」のように使われます。試験では細かい計算は求められませんが、ここまで説明した初期費用と維持費用、そして TCO や ROI の**考え方を理解しているかどうか**が問われます。

利益を維持したまま TCO が下がれば、ROI が上がります。クラウドを導入すると、前述のように、オンプレミスに比べて初期費用が小さいほか、目に見えづらい人件費も抑えることができます。つまり、**クラウドはオンプレミスに比べて TCO が小さい**といえます。システムの TCO を抑えることは **ROI の最大化**につながります。

また、オンプレミスからクラウドへの移行を検討するとき、その移行というプロジェクトに時間とお金をかける価値があるのかどうかを判断するには、クラウド移行の ROI を計らなければなりません。それには、現行のシステムと移行後のクラウドの**それぞれについて TCO の把握**が必須です。

▶ CapEx（資本的支出）と OpEx（経費的支出）

CapEx（資本的支出）と OpEx（経費的支出）という言葉も覚えてください。

CapEx は Capital Expenditure の略で、資本的支出を意味します。**OpEx** はその対義語で、経費的支出を意味する Operating Expense の略語です（Ex の単語が異なるのは会計用語的な由来によるもので、深く気にする必要はありません）。

CapEx とは、資産に対する支出のことをいいます。設備投資と言い換えることもでき、B/S（貸借対照表）上の資産となり、数年かけて減価償却されるものです。一般的に、オンプレミスのサーバーや開発したソフトウェアは資産として減価償却の対象となります。

一方、OpEx はその名のとおり、会計上は経費として都度処理されるような支出を指します。クラウドサービスは一般的に、経費として都度処理されます。また、その費用は毎月変動する可能性があります。

　簡単にいうと、オンプレミスの支出は CapEx、クラウドの支出は OpEx と思えば
よいでしょう。会計的な処理について試験で詳しく問われることはありませんが、
これらの用語の存在と違いを理解しておけば、いくつかの問題に答えることができ
ます。

図 3-4-6　CapEx と OpEx

章末問題

問題 1

クライアントに該当するものはどれですか。（複数選択）

A. スマートフォンの Web ブラウザ

B. スマートフォンの SNS アプリ

C. ファイルサーバー

D. パソコンの Web ブラウザ

問題 2

レイテンシの説明として正しいものはどれですか。

A. ある単位時間の中でシステムが処理できるデータの量

B. ある単位時間の中でネットワークが一度に送受信できるデータの量

C. データがネットワーク経由である場所から別の場所に到達できることを確かめるコマンド

D. データがネットワーク経由である場所から別の場所に到達するまでにかかる時間

問題 3

IaaS を表現しているのはどれですか。

A. クラウド提供事業者がアプリケーションプラットフォーム（動作環境）を提供する。OS のアップデートやミドルウェアのインストールはクラウド提供事業者の責任であり、ソースコードの作成とデプロイはユーザーの責任である

B. クラウド提供事業者が物理基盤を提供する。OS のアップデート、ミドルウェアのインストール、ソースコードの作成とデプロイはユーザーの責任である

C. クラウド提供事業者がデータセンターの一部区画を提供し、ユーザーは独自のハードウェアを配置することができる

D. クラウド提供事業者がアプリケーションを提供する。ユーザーはそのアプリケーションを利用するだけでよい

問題 4

IaaS を利用する場合、ユーザーの責任範囲となるのはどれですか。(複数選択)

A. アプリケーションのセキュリティ

B. ハードウェアの確保

C. アプリケーションのソースコード

D. ハードウェアのセキュリティ

E. ハードウェアの更改

F. システムのアーキテクチャ

問題 5

　会社の経営陣が利用する BI ツールとして、Looker Studio を採用します。同ツールは Google Cloud が基盤を提供しているほか、ダッシュボードの作成画面や管理画面が提供されており、利用者はユーザー登録を行うだけでこれらを利用できます。Looker Studio は、どの種類のクラウドサービスに該当しますか。

A. IaaS

B. PaaS

C. SaaS

D. DaaS

問題 6

　リージョンとゾーンの関係性について述べた次の文章のうち、正しいものはどれですか。

A. ゾーンは複数のリージョンで構成されている。ゾーン同士やリージョン同士は、広帯域幅かつ低レイテンシのネットワークで接続されている

B. ロケーションは複数のリージョンで構成されている。ロケーション同士やリージョン同士は、広帯域幅かつ低レイテンシのネットワークで接続されている

C. リージョンは複数のロケーションで構成されている。リージョン同士やロケーション同士は、広帯域幅かつ低レイテンシのネットワークで接続されている

D. リージョンは複数のゾーンで構成されている。リージョン同士やゾーン同士は、広帯域幅かつ低レイテンシのネットワークで接続されている

問題 7

　日本国内のユーザーをメインターゲットとするサービスを開発しようとしています。ユーザーの大半は首都圏在住と想定されています。同サービスはユーザーの個人情報を扱うことから、データを国内に保持することを利用規約で定義しています。サービス基盤として Google Cloud を採用する場合に、リソースを配置する方法として最も適切なものはどれですか。

A. asia-northeast1（東京）にサービス基盤を配置する。災害対策として asia-northeast2（大阪）にデータを複製する

B. asia-northeast1（東京）にサービス基盤を配置する。災害対策として asia-southeast1（シンガポール）にデータを複製する

C. asia-northeast2（大阪）にサービス基盤を配置する。災害対策として asia-northeast1（東京）にデータを複製する

D. us-central1（アイオワ）にサービス基盤を配置する。災害対策として asia-southeast1（シンガポール）にデータを複製する

問題 8

ハイブリッドクラウドの説明として正しいものはどれですか。

A. 2 つ以上のクラウドサービスを利用する形態

B. 自社専用のデータセンターで運用するクラウドを利用する形態

C. クラウドサービスのうち、インターネット経由で提供され、複数の顧客（組織）によって利用されるサービス形態

D. オンプレミスとクラウドサービスを併用する形態

問題 9

　パブリッククラウドの導入を検討する際、TCO（Total Cost of Ownership、総所有コスト）の考え方が重要です。TCO について正しく述べているものはどれですか。

A. ROI を評価するためには、TCO を把握する必要がある

B. TCO を安価にすることで ROI を安価にすることができる

C. TCO を最大化することで ROI を最大化できる

D. ROI を低くするためには TCO を低くする必要がある

問題 10

CapEx（資本的支出）と OpEx（経費的支出）について正しく述べているものはどれですか。

- **A.** オンプレミスはサーバーを買い切り、数年かけて減価償却するため、その支出は OpEx である
- **B.** クラウドは利用した分だけの料金を支払う従量課金であるため、その支出は CapEx である
- **C.** クラウドの支出は OpEx であり、毎月の費用は変動する可能性がある
- **D.** クラウドの支出は CapEx であり、毎月の費用を固定化できることがメリットである

解答と解説

問題 1　　　　　　　　　　　　　　　　　　　　[答] A、B、D

　A、B、D は、いずれもサービス提供者にアクセスする側、つまりサービスを享受する側であり、クライアントに該当します。C の「ファイルサーバー」はファイル置き場というサービスを提供する側であり、サーバーに該当します。

問題 2　　　　　　　　　　　　　　　　　　　　　　　[答] D

　レイテンシの説明として正しいのは D です。A はスループット、B は帯域幅もしくはスループット、C は ping などのコマンドの説明です。

問題 3　　　　　　　　　　　　　　　　　　　　　　　[答] B

　IaaS を表現しているのは B です。A は PaaS、C はハウジングサービス、D は SaaS の説明です。

問題 4　　　　　　　　　　　　　　　　　　　　[答] A、C、F

　IaaS において、「ハードウェアの確保」「ハードウェアのセキュリティ」「ハードウェアの更改」は、クラウド提供事業者である Google Cloud の責任範囲です。一方、アプリケーションの領域はユーザーの責任です。また、IaaS を組み合わせてどのようなアーキテクチャを実現するかという設計もユーザーの責任です。

問題 5　　　　　　　　　　　　　　　　　　　　　　　[答] C

　問題文から、Looker Studio はソフトウェアとして提供されていることがわかります。よって、Looker Studio は SaaS に該当します。なお、D の「DaaS」は Desktop as a Service の略称であり、本問と直接的な関係はありません。

問題 6　　　　　　　　　　　　　　　　　　　　　　　[答] D

　リージョンとゾーンは、「リージョン⊃ゾーン（リージョンはゾーンを含む）」という関係にあります。なお、ロケーションとは、リージョンとゾーンの総称です。

問題 7　　　　　　　　　　　　　　　　　　　　　　　　　　　[答]　A

　首都圏に住むユーザーに最も地理的に近い東京リージョンを、メインのリージョンとして選択します。災害対策用のリージョンには、日本国内の別のリージョンである大阪リージョンを選択します。

問題 8　　　　　　　　　　　　　　　　　　　　　　　　　　　[答]　D

　ハイブリッドクラウドの説明として正しいのは D です。A はマルチクラウド、B はプライベートクラウド、C はパブリッククラウドの説明です。

問題 9　　　　　　　　　　　　　　　　　　　　　　　　　　　[答]　A

　ROI（Return on Investment）は「利益 ÷ 投資金額 × 100」で計算されます。したがって、ROI を算出するためには、投資金額の合計である TCO の把握が必要です。

問題 10　　　　　　　　　　　　　　　　　　　　　　　　　　[答]　C

　CapEx（資本的支出）は資産の減価償却による支出であり、OpEx（経費的支出）は変動する経費的な支出です。オンプレミスは CapEx で、クラウドは OpEx ということができます。

第 4 章

Google Cloud による
データトランスフォー
メーションの探求

　「Google Cloud によるデータトランスフォーメーションの探求」というセクションでは、Google Cloud によるデータ活用について問われます。クラウドを使ってデータを蓄積し、データに付加価値を与えて、企業やユーザーにメリットをもたらす方法を学んでいきましょう。

4.1 データの基本

Google Cloud は、データ利活用の分野に長けたクラウドであるといわれています。まずはデータに関する基本的な考え方を正しく理解しましょう。

基礎的な用語

データ

データとは、数値や文字、画像、動画など、あらゆる情報を指します。企業においては、業務で作成した資料や、顧客とやりとりしたメール、従業員が毎日打刻する勤怠表、受発注書類や契約書などもデータにあたります。

広義のデータは、コンピュータが誕生する前から存在します。紙に書き出したり、石板に刻みつけたりした情報も「データ」といえます。コンピュータが発明されて以来、データはデジタルデータとして保存したり、複製したりできるようになりました。現在ではコンピュータとネットワーク技術の発展により、一度に扱えるデータの量と、データを扱う速度はますます向上しています。これが現代のビジネススピード高速化の理由の1つであり、ビジネススピードの高速化は、さらにデータ処理の高速化とデータ量の増加を促進しています。

データベース

まずは**データベース**という言葉の意味を確認しましょう。データベースは本来、データを保存するためのあらゆる仕組みの総称です。つまり、紙の帳簿もデータベースとなり得ますが、本書では、「データベース」と述べた際は DBMS（データベースマネジメントシステム）を指すこととします。DBMS とは、データを管理するためのソフトウェアのことです。

多くのデータベースは、**SQL**（エスキューエル、Structured Query Language の略称）と呼ばれる特殊な構文を使って操作します。SQL を使わない NoSQL という種類のデータベースもありますが、本書では詳しくは扱いません。データベースに対して SQL などを使って情報を問い合わせることを「**クエリする**」といいます。「クエリする」という動詞は、IT の世界では当たり前のように使われます。「データベースに

対してクエリする（クエリを実行する）」という文言を見たら、「データベースに問い合わせる」「データベースから情報を引き出す」という意味だと理解してください。

また、SQLを使うと、単純にデータを取り出すだけでなく、数字を集計したり、別々のデータを結合したうえでデータを取り出すこともできます。

このようにSQLは便利なうえ、他の分析用プログラミング言語に比べて比較的習得しやすく、データベースを使ってデータ分析を行う人にとって必須のスキルとされています。

図 4-1-1　データベースと SQL

▶ 運用データベースと分析用データベース

データベースは大きく「運用データベース」と「分析用データベース」に分類することができます。

運用データベース（オペレーショナルデータベース）とは、アプリケーションがデータを読み書きしたり保存したりするためのデータベースです。多数の人が同時にデータを読み書きしても不整合が起きないように制御したり（強い整合性）、機器が一時的に故障してもデータが消失しないような仕組み（永続性）を備えています。ざっくりと「運用データベースとは、アプリケーションが使うデータベースである」と覚えても差し支えありません。なお、運用データベースが得意とする同時多数アクセスや強い整合性を担保できるデータ処理方式のことを、**トランザクション処理**と呼びます。

運用データベースの代表的なプロダクトは、Microsoft SQL Server、Oracle Database、オープンソースの PostgreSQL や MySQL などです。

一方、**分析用データベース**は、その名のとおり分析処理に特化したデータベースであり、大量のデータを集計することに長けています。分散処理という技術を使い、複数のコンピュータ機器が1つの処理を行う仕組みになっていることが多いです。分析用データベースは運用データベースと異なり、複数の人からのアクセスに弱く、また整合性の確保が苦手な一方で、運用データベースだと数時間かかる集計処理を

数秒〜数分で完了できることもあります。最近の分析用データベースは、蓄積した
データをもとにして AI・機械学習機能を実行できるものも多くなりました。「分析
用データベースとは、集計や分析のためのデータベースである」と覚えましょう。

　分析用データベースの代表的なプロダクトは、BigQuery や Amazon Redshift、
Azure Synapse、Snowflake などです。

▶ クラウドとデータ

　クラウドの発達は、データ処理に大きな変化をもたらしました。第 3 章で学んだ
ように、クラウドはアジリティ（迅速性）、スケーラビリティ、コスト効率の点で優
れています。オンプレミスでコンピュータやストレージ（記憶領域）を用意していた
頃は、データを溜め続けることに大きな制約がありました。データが溜まり続ける
と、やがてストレージが枯渇します。ハードディスクを買い足してストレージを増
やしたいと思っても、機器が高価であるうえに場所を取り、調達のリードタイムも
長いため、無制限に増やすことはできません。そのため、溜まりすぎた過去のデー
タや不要なデータはやむを得ず削除する必要がありました。

　しかし、クラウド時代においては前述の 3 つのメリットにより、**ストレージが安
価に、早く手に入る**ようになりました。ボタン 1 つですぐにストレージが増やせる
うえ、従来よりも安価です。これにより、**データを溜め続けることができる**ように
なりました。クラウドの登場で、「今の業務には必要ないが、将来的に分析などの目
的で使うかもしれない」というデータをとりあえず溜めておけるようになったので
す。なお、「とりあえずデータを溜めておく領域」のことをデータレイク（後述）と
呼びます。

　このように近年では、ストレージの入手が容易になったうえ、コンピュータの性
能自体や、複数のコンピュータを使って 1 つの計算処理を行う分散処理技術が進化
しています。また、その分散処理を行うコンピュータをクラウドで容易に調達でき
るようになりました。そのため、「とりあえず溜めておいた大量のデータ」を活用す
ることでビジネス上の気づき（インサイトともいいます）を得られるようになってき
ました。近年、データ活用の重要性が謳われるようになったのは、こうした背景が
あるからです。

▶ NoSQL

NoSQLと呼ばれる特殊なデータベースについても、簡単に紹介します。NoSQLは比較的新しいタイプのデータベースです。

一般的に有名なMySQL、PostgreSQL、Microsoft SQL ServerなどのデータベースはNoSQLではなく、**リレーショナルデータベース**と呼ばれる種類のデータベースです。リレーショナルデータベースは、データを表（行と列で構成されたテーブル）の形式で管理するデータベースと考えてください。一方、NoSQLは、データを表形式ではなく、キー・バリューと呼ばれる形式で保持したり、階層構造を持つドキュメント形式で保持したりします。リレーショナルデータベースが、事前にスキーマ（データの持ち方）を定めておき、それに従ってデータを格納する必要があるのに対して、NoSQLではスキーマ定義がある程度柔軟です。NoSQLは高いスケーラビリティを持つことから、同時多数アクセスが多いWebアプリケーションなどでよく利用されます。また、NoSQLへのクエリはプログラムからAPI経由で行い、SQLを用いないことが一般的です。

NoSQLに関する技術的な詳細は割愛しますが、「NoSQLは高いスケーラビリティを持ち、スキーマ定義が柔軟である。同時多数アクセスが多いWebアプリケーションなどで利用される」という点を覚えておきましょう。

NoSQLの代表的なプロダクトは、Google CloudのFirestoreやBigtable、AWSのDynamoDB、オープンソースのMongoDBなどです。

データドリブン、データレイク、データウェアハウス

▶ データドリブン

データをとりあえず溜めておくことができるようになり、さらにその処理が従来より容易になったことで、近年はデータ活用の重要性が強調されるようになりました。

勘や経験にもとづくのではなく、客観的なデータにもとづいて判断するアプローチを**データドリブン**と呼び、「データドリブンな経営」のように表現します。データドリブンな文化を取り入れることで、戦略的な意思決定、市場動向の正確な把握、リスクの低減など、多くの利点が得られます。

データドリブンなアプローチの実現までには、次ページの図4-1-2のように大きな流れがあります。

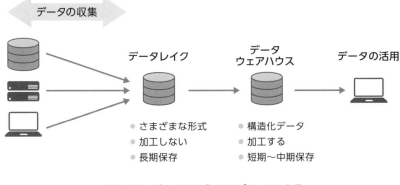

図 4-1-2　データドリブンなアプローチの実現

▶ データレイクとデータウェアハウス

データドリブンなアプローチは、まず、**データの収集**から始まります。従業員の業務で発生したデータや、業務アプリケーションが発生させたデータ（運用データベースに蓄積されている）に加えて、市場の動向やソーシャルメディアの口コミ、IoT センサーなどから取得できるデータなど、さまざまなソースから情報を収集します。

収集したデータは、**データレイク**に「とりあえず溜めて」おきます。データレイクには**さまざまな形式のデータ**が保存され、その**保存期間は長期**に渡ります。また、データレイクに保存したデータは手を加えず、**元の状態のまま**（このことから生データと呼びます）保持されます。なお、データレイクの実体は多くの場合、安価で大容量なストレージ製品です。近年では、データレイクとしてクラウドのストレージサービスが選ばれることがほとんどです。

データレイクにはさまざまな形式のデータが無造作に詰め込まれているため、分析したり気軽に閲覧したりするのに適している状態ではありません。データドリブンなアプローチを実現するためには、データレイクから一部のデータを取り出して、人が見やすい形、あるいはシステムが処理しやすい形にデータを整える必要があります。これを**データ変換**やデータクレンジングといいます。また、このようにして整備されたデータを置いておく場所のことを、**データウェアハウス**と呼びます。データウェアハウスの実体は、先ほど述べた分析用データベースです。そのため、データウェアハウスで管理するデータは**表形式**であることがほとんどです。データレイクではデータを長期間保存しますが、データウェアハウスでは**短期〜中期**の保存が一般的です（データのユースケースにより長期間になることもあります）。

▶ データの活用

　社内のデータ利用者は、データレイクやデータウェアハウスに入っているデータを活用することで、データドリブンなアプローチが可能です。

　具体的には、専門的な知識をもとにデータの抽出、集計などの処理を行いビジネス上の気づきを得る**分析**や、ダッシュボード上にビジネス指標として表示する**可視化**があります。

　また、データは**人工知能 / 機械学習（AI/ML）**にも用いられます。AI/ML は、大量のデータから統計的に予測値を算出する技術です。そのため、業務で発生したデータを適切に保存する仕組みが整備されていなければ、AI/ML を業務に活用することはできません。

4

▶ データパイプライン

　先ほどの図 4-1-2 に示した構成では、企業内のさまざまなシステムからデータを収集し、データレイクやデータウェアハウスに保管し、その途中でデータを変換して、最後に活用しています。データは図の左から右へと、姿を変えながら流れていきます。このようなデータの一連の流れ（**データ収集→データ保管→データ変換→データ活用**）を**データパイプライン**と呼びます。

　なお、データパイプラインにおけるデータ収集は「**データ抽出**」と呼ばれることもあります。

▶ データガバナンス

　データが大量に集まり、活用されるようになると、データの管理が重要になってきます。どこに何のデータがあるのか、わかりやすく整理されている必要がありますし、データのアクセス制御（適切な人だけがデータにアクセスできる状態を維持すること）など、セキュリティも重要になってきます。このように、企業全体でデータの管理方法を定め、セキュリティや品質を維持し、活用しやすくする取り組みを**データガバナンス**といいます。

POINT!

　試験で「組織がデータを適切に管理し、セキュリティや品質を維持するためにはどうすればよいか」と問われた際は、特定のツール名やソリューション名を答えてはいけません。適切な**データガバナンスを導入する**、と答えましょう。

データの構造

▶ 3 種類のデータ

　試験では、データに関する少しテクニカルな用語も登場します。情報システムにおけるデータは大きく**構造化データ**、**半構造化データ**、**非構造化データ**に分類することができます。それぞれの定義を表 4-1-1 に示します。なお、表中の「保存場所（Google Cloud）」に示した Google Cloud サービスについては、次節で解説します。

表 4-1-1　構造化データ、半構造化データ、非構造化データ

名称	構造化データ	半構造化データ	非構造化データ
定義	スキーマ（データの項目や型）が決まっているデータ	構造を持っているが、テーブルのようにスキーマが固定されておらず柔軟性があるデータ	スキーマが決まっていないデータ
データ形式	・テーブル	・CSV ・JSON ・XML	・画像 ・音声 ・動画 ・PDF ・業務ドキュメント
保存場所（概念）	・データレイク ・データウェアハウス	・データレイク ・データウェアハウス	・データレイク
保存場所（Google Cloud）	・Cloud SQL ・Cloud Spanner ・BigQuery	・Cloud Storage ・BigQuery	・Cloud Storage

▶ 構造化データ

　構造化データとは、スキーマが決まっているデータのことです。スキーマとは、データの項目や型のことです。例として、以下のような表形式のデータを指します。

表 4-1-2　構造化データの例

会員 ID（文字列）	氏名（文字列）	年齢（整数）
A100001	鈴木一郎	31
A100002	山田花子	24
A100003	斉藤一	52

　構造化データでは、列（フィールド）が固定されており、列に入る値の形式（文字列、数字など）も決まっています。その決まりから外れたデータは存在できないようにシステム側（データベース側）で規制されています。

▶ 半構造化データ

半構造化データは、構造化データよりは柔軟性がありつつも、ある程度構造が決まったデータです。半構造化データの代表例として、以下のようなCSV（Comma-Separated Values）ファイルが挙げられます。

```
A100001,鈴木一郎,31
A100002,山田花子,24
A100003,斉藤一,52
```

カンマで区切られて一定の法則でデータが格納されているものの、システム的に制約がかけられていないので、一部のデータが欠損したり、法則に違反したデータが混入したりする可能性があります。

また、JSON（JavaScript Object Notation）も半構造化データの一種です。JSONはプログラム同士の通信に用いられることが多いデータ形式で、構造に柔軟性があるのが特徴です。以下は、JSON の例です。

```
{
  "members": [
    {
      "id": "A100001",
      "name": "鈴木一郎",
      "age": 31
    },
    {
      "id": "A100002",
      "name": "山田花子",
      "age": 24
    },
    {
      "id": "A100003",
      "name": "斉藤一",
      "age": 52
    }
  ]
}
```

▶ 非構造化データ

　非構造化データとは、画像、音声、動画、業務で作成したドキュメント（文書ファイルやプレゼンテーションスライド）など、スキーマが定まっていないデータのことです。情報システムは、このような非構造化データを処理するのが最も苦手です。

　情報システムで扱いやすくするために、非構造化データを構造化データに変換することもできます。例えば、音声ファイルは自動文字起こし機能を使って文字情報にしてからテーブルに格納することができます。

4.2 Google Cloud の データ関連サービス

Google Cloud には、データベースやデータ分析をモダナイズ（近代化）するためのサービスが揃っています。サービスの概要と、主なユースケースを理解しましょう。

運用データベース

▶ Cloud SQL

Google Cloud には、運用データベースとして使えるプロダクトが複数あります。それらのうち **Cloud SQL** は、PostgreSQL、MySQL、Microsoft SQL Server といったリレーショナルデータベースをホストできる（稼働させることができる）プラットフォームです。通常、これらのデータベースを稼働させるには、Linux や Windows Server といった OS がインストールされたサーバー機器に、PostgreSQL や MySQL などのソフトウェアをインストールする必要があります。Cloud SQL では、**インスタンス**と呼ばれる仮想的なサーバーを簡単な操作で起動するだけで、これらのデータベースがすぐに利用可能になります。サーバーや OS などのインフラ管理が不要で、自動的なバックアップ機能も備えています。このように Cloud SQL は管理工数が少ないため、「**コスト効率よくリレーショナルデータベースを稼働させることができる費用対効果に優れたプロダクト**」といえます。なお、Cloud SQL のようにインフラ管理が不要なサービスを「マネージドサービス」と呼びます。

Cloud SQL

- リレーショナルデータベースをホストするマネージドサービス
- PostgreSQL、MySQL、Microsoft SQL Server に対応
- インフラ管理が不要
- コスト効率がよい

図 4-2-1　Cloud SQL

> **POINT！**
>
> Cloud SQL は、オンプレミスで運用しているデータベースの移行先として利用
> できます。「オンプレミスで Microsoft SQL Server を運用している。Google
> Cloud に移行するには、どのソリューションを選びますか」などと問われたら、
> Cloud SQL を選択します。

▶ Cloud Spanner

Cloud Spanner も運用データベースとして利用できるプロダクトです。Cloud
SQL と同じくリレーショナルデータベースであり、インフラの管理が不要なマネー
ジドサービスです。ただし、Cloud SQL が PostgreSQL、MySQL、Microsoft SQL
Server といったデータベースマネジメントシステムをホストするプロダクトである
のに対し、Cloud Spanner がホストするのは Google が開発したオリジナルのデータ
ベースマネジメントシステムです。

Cloud Spanner の最大の特徴は「グローバルに展開できる」という点です。Cloud
Spanner は、トランザクション処理ができる運用データベースでありながら、複数
のリージョンに水平スケーリングして、**地理的に離れた複数の場所から整合性のあ
る読み書きができる**というのが特徴です。つまり、あるリージョンで書き込まれた
情報は、**別のリージョンにも同期**（データが複製されて、同じデータを持っている
状態にすること）されます。また、Cloud SQL よりもスケーリング能力が優れてお
り、金融、ゲーム、コンシューマー向けアプリケーションなどの激しいトランザク
ション処理が行われるユースケースで用いられます。

Cloud Spanner

- リレーショナルデータベースのマネージド
  サービス
- グローバルに展開でき、地理的に離れた複数
  の場所から整合性のある読み書きが可能
- インフラ管理が不要
- スケーリング能力に優れている

図 4-2-2　Cloud Spanner

POINT!

試験で、以下のようなことが問われたら、迷わず Cloud Spanner を選択しましょう。
・システム開発において、新しいデータベースを選定しようとしている
・負荷の高いトランザクション処理が想定されている
・システムのユーザーが世界中（複数の国）にいる

データレイク、データウェアハウス、データ活用

▶ Cloud Storage

　Google Cloud におけるデータレイクとして、**Cloud Storage** が用いられます。Cloud Storage は**大容量で安価**なストレージです。1TB（テラバイト）のデータを約3,000円／月程度で保存することができ、容量は無制限です。オブジェクトストレージと呼ばれる種類のストレージであり、どのような種類のファイルでも格納することができます。また、99.999999999%（イレブンナイン）の年間耐久性を謳っており、非常に**堅牢性が高い**サービスです。安価で大容量保存が可能なので、**長期保存**にも適しています。

　Cloud Storage のデータを保存するための管理単位を**バケット**といいます。Cloud Storage を利用するには、まずバケットを作成し、その中にファイルをアップロードします。バケットに保存した1つ1つのファイルは、**オブジェクト**と呼ばれます。

Cloud Storage

- 容量無制限で安価なオブジェクトストレージ
- 堅牢性が高い。99.999999999%（イレブンナイン）の年間耐久性
- どのようなファイルでも保存可能
- 長期保存に適している
- データレイク用途に用いられる

図 4-2-3　Cloud Storage

　Cloud Storage の特徴として、オブジェクトの保存先を、料金の異なる4つのスト

レージクラス、すなわち Standard ストレージ、Nearline ストレージ、Coldline スト
レージ、Archive ストレージの中から選ぶことができます。それぞれの料金単価等は
表 4-2-1 のとおりです。

表 4-2-1　Cloud Storage のストレージクラスごとの料金単価等

ストレージクラス	データサイズあたりの保管料金単価	取り出し料金単価	最小保存期間
Standard ストレージ	大	なし	なし
Nearline ストレージ	中	小	30 日
Coldline ストレージ	小	中	90 日
Archive ストレージ	最小	大	365 日

　Standard ストレージは、データサイズあたりの保管料金が最も高い代わりに、
データを取り出す際にデータサイズに応じてかかる取り出し料金や、最小保存期間
（オブジェクトを保存してからこの期日がくる前にオブジェクトを削除すると、こ
の日数分の保管料金が発生する）がありません。そのため、頻繁にアクセスされる
オブジェクトは、Standard ストレージに保存します。一方、Archive ストレージは、
データサイズあたりの保管料金は最も安いですが、取り出し料金が最も高いうえ、
最小保存期間が 365 日となっています。Nearline ストレージと Coldline ストレージ
は、中間に位置します。

> **POINT!**
>
> 「1 年に 1 回、監査目的でのみアクセスされるログデータは、Cloud Storage のど
> のストレージクラスに保存しますか」と問われたら、Archive ストレージを選びま
> しょう。ストレージクラスを選ぶときは、オブジェクトの利用頻度と最小保存期間
> を概ね一致させます。

▶ BigQuery

　データウェアハウスとしては、**BigQuery** が用いられます。BigQuery は高性能な
分析用データベースであり、分散処理技術を利用しています。BigQuery では、私た
ちの目に見えないところで、Google が保有する大量のコンピュートリソース（CPU
やメモリなど）が動き、処理対象のデータの量に応じてリソースが自動的に確保さ
れて処理が行われます。

BigQuery のインフラは Google によって管理されており、私たちユーザーはインフラを一切意識せずに BigQuery を利用することができます。このような性質から BigQuery は、「**フルマネージド**で**サーバーレス**、かつ**スケーラブル**なデータ分析サービス」と呼ばれることもあります。

BigQuery
- 高性能な分析用データベース
- 処理量に応じてリソースが自動的に確保される
- データウェアハウス用途に用いられる

図 4-2-4 BigQuery

POINT!

試験対策としては、「データレイクとして Cloud Storage を使う」「データウェアハウスとして BigQuery を使う」と覚えてください (実務では、そうではない構成が採られることもあります)。

▶ Looker と Looker Studio

データの活用には、分析や可視化、AI/ML があると述べました。Google Cloud には、これらを実現するプロダクトとして Looker や Looker Studio があります。

Looker は、「ビジネスインテリジェンスプラットフォーム」と称するツールです。これは、簡単にいうと **BI ツール** (ビジネスインテリジェンスツール) の一種です。BI ツールとは、データを表やグラフとして可視化してビジネス判断に利用したり、データを分析してビジネス上の気づきを得たりするためのツールです。Looker には高度な BI にとどまらず、さまざまな**分析機能**や、**ダッシュボード化**、分析後の後続アクションにつなげるための外部連携機能が搭載されています。また、LookML という独自のモデリング言語により、統一したデータガバナンスを確保可能です。こうした理由から、BI ツールという言葉を使わず、ビジネスインテリジェンスプラットフォームと称されています。ただし本書では、わかりやすくするため、一般的な呼称である「BI ツール」と表記しています。

Looker は、**BigQuery などのデータベース**からデータを取得することができます。

Looker の導入により、データアナリストが人力で行う以下のような**データの整備やレポート作成を自動化・リアルタイム化**することができます。
・BigQuery からデータを抽出する
・抽出したデータを整形する
・整形したデータを使ってレポートを作成する

Looker Studio は、無償で使える BI ツールです。Looker と Looker Studio は名前が似ているうえロゴが同じですが、まったく別々の製品です。かつて Looker Studio はデータポータルという名称でしたが、リブランディングされて現在の名称になりました。Looker Studio は、低コストで簡単にデータの可視化を実現できます。データは、BigQuery などのデータベースや Google Sheets のスプレッドシートなどから取得できます。

なお、Looker も Looker Studio も、ブラウザ経由で利用する SaaS であり、サーバーなどのインフラ管理は一切不要です。

Looker
- 高度な BI（ビジネスインテリジェンス）と分析
- 各種データベースからデータを取得
- 分析後の後続アクションにつなげられる各種機能を搭載
- LookML によるデータガバナンス

Looker Studio
- 無償の BI ツール
- 手軽な分析や可視化
- 各種データベースやスプレッドシートからデータを取得

図 4-2-5　Looker と Looker Studio

データパイプライン

▶ Pub/Sub

Pub/Sub（または Cloud Pub/Sub）は、メッセージングサービスと呼ばれる仕組みです。フルマネージドであり、自動スケーリングするため、基盤の管理は不要です。多数のメッセージを受け取るためのバッファ（緩衝地帯）として動作し、後述のDataflow と組み合わせて使われることが多いサービスです。

Pub/Sub の代表的なユースケースは IoT です。IoT とは、Internet of Things（モノのインターネット）の略であり、工場の製造機器、タクシーやレンタカーなどの乗り物、耕作機などの農業機具などにセンサーを設置し、各種情報をインターネット経由でデータベースに吸い上げ、ビジネスに活かす仕組みです。IoT では、多数の IoT 端末がデータベースにデータを送信します。このとき、多数の端末が一度に単一のサーバーにデータを送信すると、データベースの受け口がパンクしてしまいます。そのため、いったん、Pub/Sub のようなスケーラブルなバッファを用意してメッセージ（データ）を受け取らせます。Pub/Sub が受け取ったメッセージは、後述する Dataflow が取り出してデータベースに格納します。

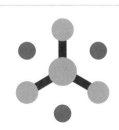

Pub/Sub

- フルマネージドでスケーラブルなメッセージングサービス
- 大量のデータを受け取るためのバッファ（緩衝地帯）として利用される

図 4-2-6　Pub/Sub

▶ Dataflow

Dataflow は、データパイプラインにおける、収集、変換、データベースへの格納を行うフルマネージドサービスです。代表的なユースケースとしては、Pub/Sub に格納された大量のメッセージを、一度取り出して任意の形式に変換してから、データパイプラインの後段にある BigQuery などの分析用データベースに格納します。なお、データの収集、変換、格納の手順は、事前にプログラミング言語で定義しておきます。

Dataflow

- フルマネージドでスケーラブルなデータパイプ
  ラインサービス
- データの収集、変換、データベースへの格納を
  自動化
- Pub/Subからメッセージを取り出して、任意の
  形に変換し、後段のBigQueryに格納するなど
  のユースケースがある

図 4-2-7　Dataflow

サービスの使い方

▶ データの置き場所

　ここまで説明した Google Cloud サービスのユースケースを紹介します。前節
P.76 の表 4-1-1 に示したように、構造化データ、半構造化データ、非構造化データに
はそれぞれ適した置き場所（保存場所）があります。

　構造化データは表形式なので、データベースに格納することができます。Google
Cloud プロダクトでは、Cloud SQL、Cloud Spanner、BigQuery などに表形式のデータ
を格納できます。表形式のデータは SQL を用いてクエリすることができます。SQL
を使うと、少ない労力でデータを集計したり取り出したりすることが可能なので、
可視化や分析などの活用のためには構造化データをデータベースに格納するのが適
切です。

　構造化データを**分析目的**で使用する場合の格納先としては、**BigQuery が最適**で
す。BigQuery は大量データの集計など分析処理に特化したデータベースなので、処
理速度や費用対効果の面で Cloud SQL や Cloud Spanner に比べて圧倒的に優れてい
ます。また BigQuery の場合、構造化データに加えて半構造化データも格納するこ
とができます。

　一方、非構造化データの置き場所は **Cloud Storage が望ましい**です。なぜなら、
Cloud Storage はデータの形式を問わずデータを保存できるからです。Compute
Engine VM のディスクなどに保存しておくこともできますが、Cloud Storage のほ
うが容量あたりの費用は圧倒的に安くなります。

POINT!

「**分析目的であれば構造化データの保存先は BigQuery**」「**非構造化データを長期
保存するなら Cloud Storage**」という 2 点を覚えておきましょう。

　データの置き場所と Google Cloud プロダクトの関係性を前節 P.74 の図 4-1-2 にあ
てはめると、図 4-2-8 のようになります。

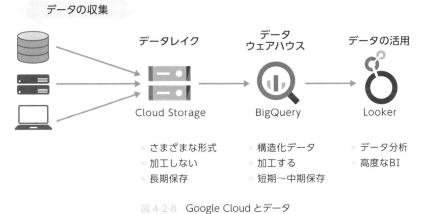

図 4-2-8　Google Cloud とデータ

▶ サーバーレスなデータパイプライン

　図 4-2-8 のように、データパイプラインをすべてクラウド上のマネージドサービス
で実現すると、IT 管理者はインフラの管理をする必要がありません。このようなイ
ンフラ管理が不要なデータパイプラインを「**フルマネージドなデータパイプライン**」
あるいは「**サーバーレスなデータパイプライン**」と呼び、試験で出題されます。

POINT!

サーバーレスなデータパイプラインのメリットは、「**インフラの管理が不要である
こと**」と覚えましょう。ただし、データの不整合などによりエラーが起きる可能性
があることや、データパイプラインの中でデータ変換が行われるという点は、オン
プレミスのデータパイプラインと同じです。

　別の例として、Pub/SubとDataflowを使ったデータパイプラインの構成例を図 4-2-9
に示します。

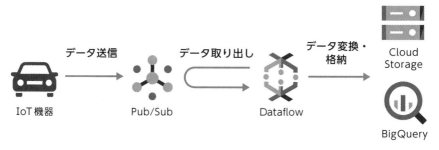

図 4-2-9　Pub/Sub と Dataflow を使ったデータパイプライン

　この構成では、IoT 機器からデータが送信され、Pub/Sub がいったん受け取りま
す。Pub/Sub に蓄積されたデータは、Dataflow が順次取り出して分析用の形式に変
換し、Cloud Storage や BigQuery に格納します。これが最も基本的な Pub/Sub と
Dataflow の使い方です。また、この構成もサーバーレスなデータパイプラインであ
るといえます。

章末問題

問題 1

SQL について正しく述べているものはどれですか。

A. 表形式でデータを持つデータベースマネジメントシステム

B. Web アプリケーションの実装に用いられるプログラミング言語

C. プログラミング言語「Python」を使ってデータ分析を行うためのプログラミングフレームワーク

D. データベースに問い合わせるためのクエリ言語。データの取り出しや集計を行うことができる

問題 2

データを表形式で格納して、SQL によって分析したいとき、最も適したツールはどれですか。

A. データウェアハウス

B. オブジェクトストレージ

C. 運用データベース

D. NoSQL データベース

問題 3

企業におけるデータの保存場所とデータの活用について、正しく述べているものはどれですか。

A. 組織内から収集されたデータは、大容量のストレージを持つデータウェアハウスと呼ばれるデータベースに保存される。データウェアハウスには、分析に適した形に加工したデータのみを保存し、ストレージ容量を節約するため、加工前の生データは削除する。この加工から削除までの仕組みを自動化したシステムを、データレイクと呼ぶ

B. 組織内から収集されたデータは、加工されずにデータレイクに長期保存される。データレイクに保存されたデータのうち必要なものは、分析用に加工されたうえでデータウェアハウスに保存される。組織内のデータ利用者は、データウェアハウスからデータを取り出して利用することができる

C. 組織内から収集されたデータは、データレイクと呼ばれる分析用データベースに保存され、いつでも社内のデータ利用者が利用できる状態にしておく。古いデータはストレージ容量を節約するために、短期間保存した後、削除する。データレイクには、加工後のデータだけを保存する

D. 組織はデータを活用するため、BI ツールや AI/ML モデルから、各システムに点在するデータにいつでもアクセスできるようにネットワークを整備する必要がある。セキュリティ上の理由から、データの集約は行わない

問題 4

データウェアハウスについて正しく述べているものはどれですか。

A. 整備されていないデータを長期間保存しておくためのストレージ

B. 整備されたデータを分析のために蓄積しておくデータベース

C. 業務アプリケーションから利用されるデータベース

D. データを長期間保存しておくためのオブジェクトストレージ

問題 5

データガバナンスについて正しく述べているものはどれですか。

A. データを単一のデータベースに集約すること

B. データが収集されすぎてストレージが圧迫されることを防ぐこと

C. データの管理方法を定め、セキュリティや品質を維持し、活用しやすくすること

D. データのアクセス権限を、経営陣のみに限定すること

問題 6

Web アプリケーション用の MySQL データベースをコスト効率よく Google Cloud 上で稼働させるには、どのプロダクトを利用しますか。

A. Cloud SQL

B. BigQuery

C. Cloud Spanner

D. AlloyDB

問題 7

組織のデータレイクおよびデータウェアハウス用途に用いるプロダクトとして、適切な組み合わせはどれですか。

A. データレイク：BigQuery、データウェアハウス：Cloud Storage

B. データレイク：Cloud Storage、データウェアハウス：BigQuery

C. データレイク：Cloud Storage、データウェアハウス：Cloud Spanner

D. データレイク：BigQuery、データウェアハウス：Cloud Spanner

問題 8

非構造化データを長期間保存するためのプロダクトとして、適切なものはどれですか。

A. Compute Engine

B. BigQuery

C. Cloud Storage

D. Cloud Disks

問題 9

EC サイトのシステムから収集した商品画像データを、Cloud Storage に保管します。画像データは、1 日に数回、データ分析システムから読み取られることが想定されています。Cloud Storage のどのストレージクラスを利用しますか。

A. Standard ストレージ

B. Nearline ストレージ

C. Coldline ストレージ

D. Archive ストレージ

問題 10

IoT デバイスから送信されてくる大量のデータを、スケーラブルなバッファで一度受け取ってから、分析用データベースに書き込みたいと考えています。このとき、バッファとして利用できるサービスはどれですか。

A. Pub/Sub

B. Dataflow

C. BigQuery

D. NoSQL

解答と解説

問題 1　　　　　　　　　　　　　　　　　　　　　　　　　　　[答] D

　SQL の意味を適切に説明しているのは D です。A、B、C は、SQL と直接的な関係はありません。

問題 2　　　　　　　　　　　　　　　　　　　　　　　　　　　[答] A

　表形式によるデータ格納と、SQL での分析に最も適したツールは、A の「データウェアハウス」です。B の「オブジェクトストレージ」は、データをオブジェクト（ファイル）として格納します。C の「運用データベース」は表形式でデータを格納し、SQL によって分析することもできますが、分析用途ではデータウェアハウスのほうが優れています。D の「NoSQL データベース」は、SQL でのクエリを受け付けないことが一般的です。

問題 3　　　　　　　　　　　　　　　　　　　　　　　　　　　[答] B

　データの保存場所とデータの活用について適切に説明しているのは B です。「加工されない生データはデータレイクに長期間保存される」「データレイクに保存されたデータのうち、分析対象のデータが加工されて、データウェアハウスに保存される」「ユーザーは原則的にデータウェアハウスからデータを取り出して活用する」という基本的な流れを押さえてください。

問題 4　　　　　　　　　　　　　　　　　　　　　　　　　　　[答] B

　データウェアハウスについて正しく述べているのは B です。A と D はデータレイク、C は運用データベース（オペレーショナルデータベース）について述べたものです。

問題 5　　　　　　　　　　　　　　　　　　　　　　　　　　　[答] C

　データガバナンスについて正しく述べているのは C です。A、B、D で述べられている作業はシステムの運用作業としてあり得ることですが、適切にデータガバナンスを言い表していません。

問題 6　　　　　　　　　　　　　　　　　　　　　　　　　　　[答] A

　MySQL、PostgreSQL、Microsoft SQL Server をホストできるのは Cloud SQL で
す。「コスト効率よくリレーショナルデータベースを稼働させるプロダクトは Cloud
SQL である」と覚えてください。

問題 7　　　　　　　　　　　　　　　　　　　　　　　　　　　[答] B

　試験対策として、データレイクは Cloud Storage、データウェアハウスは BigQuery
と機械的に覚えて差し支えありません。

問題 8　　　　　　　　　　　　　　　　　　　　　　　　　　　[答] C

　Cloud Storage は保存するデータの種類を選びません。非構造化データ、半構造化
データ、構造化データを保存することができます。また、容量無制限で安価なので、
長期保存に向いています。

問題 9　　　　　　　　　　　　　　　　　　　　　　　　　　　[答] A

　1 日に数回の読み取りが想定されるデータは、データの取り出しに料金がかから
ない Standard ストレージに保管します。1 か月に 1 回程度なら Nearline、3 か月に
1 回程度なら Coldline、1 年に 1 回程度なら Archive ストレージに保管します。

問題 10　　　　　　　　　　　　　　　　　　　　　　　　　　[答] A

　スケーラブルなメッセージングサービスである Pub/Sub を選択します。B の
「Dataflow」は、Pub/Sub からデータを読み取ってデータベースに書き込む際によく
利用されます。C の「BigQuery」は分析用データベースなので、バッファとして利
用するのに適していません。D の「NoSQL」は、柔軟なスキーマ定義を特徴とする
データベースであり、本ケースの回答として適切ではありません。

第 **5** 章

Google Cloud の AIを活用した イノベーション

「Google Cloud のAIを活用したイノベーション」というセクションでは、Google Cloud の人工知能（AI）・機械学習ソリューションについて問われます。Google が特に重点的に取り組んでいる分野のため、基本的な知識を押さえておきましょう。

5.1　AI/ML の基本

本節では、人工知能および機械学習（AI/ML）について学習します。AI/ML は Google が昔から取り組んでいる技術であり、Google Cloud の強みの 1 つです。

基本的な知識

▶ AI の定義

AI とは、Artificial Intelligence の略称であり、人工知能と訳されます。AI は、言語の理解や推論、問題解決など、人間が行うさまざまな知的処理を機械やコンピュータに行わせる技術分野です。

AI は「強い AI」と「弱い AI」の 2 種類に分類されます。強い AI とは、人間のように高度な知能を持つ AI であり、あらゆるタスクに対処でき、汎用人工知能と呼ばれることもあります。設計時には想定していなかった課題にも、人間のように柔軟に対処できます。一方、弱い AI は、特定のタスクを実行するために設計されており、特化型人工知能と呼ばれることもあります。例えば、天気予報や顔認証、チャットボットなどのシステムが該当します。現在実用化されている AI の大多数は「弱い AI」に分類されます。Google Cloud で利用可能な AI も、この弱い AI に相当します。

▶ 機械学習の定義

機械学習（Machine Learning、ML とも略されます）は、人工知能の一分野です。コンピュータが大量のデータからパターンや特徴を学習（トレーニング）し、その学習をもとに予測や意思決定を行えるようにする技術分野です。機械学習で実現される AI 技術は、「**人工知能および機械学習**」あるいは「**AI/ML**」と総称されます。Google Cloud で利用可能な AI ソリューションは、すべて機械学習によって実現されています。

▶ AI/ML の利用

現在、AI/ML は、画像認識、音声認識、自然言語処理、予測分析、異常検知など多岐に渡って利用されています。企業では、市場トレンドの予測や顧客行動の分析に AI/ML を利用します。医療分野では病気の診断や新薬の開発に、また金融業

界では信用リスクの評価や株価予測などで活用しています。このように AI/ML は、従来ではコンピュータに行わせることが難しかった、**人間の認知能力が必要な作業を代替**することができます。

機械学習モデルと学習

▶ 学習のプロセス

機械学習では、**教師データ**と呼ばれる大量の学習用データをあらかじめ用意して、**学習**（トレーニング）を行い、**機械学習モデル**（モデルとも略されます）を作成します。機械学習モデルとは、データを入力すると、過去の学習にもとづいてデータを出力する仕組みのことです。例えば、手書きされた数字の画像を読み込んで、その数字が0〜9のどれであるかを判別する機械学習モデルについて考えてみます。入力データとして、手書きの数字を撮影した画像をモデルに読み込ませると、モデルは事前の学習にもとづいてその画像を解析し、0〜9の数字のどれであるかを返します。「機械学習モデルに入力データを渡すと、出力データが返ってくる」が機械学習の基本的な考え方です。

機械学習モデルの学習のプロセスを理解するために、この「手書き数字の画像データを判別するモデル」を例にとります。まず、0〜9の手書きの数字を撮影した大量の画像を用意し、それらの画像が0〜9のどの数字であるかをラベル付けします。なお、この例では、「画像とラベルのセット」が教師データです。

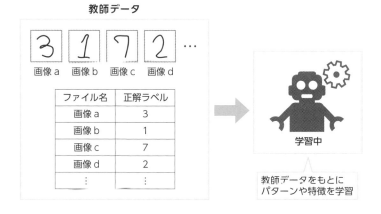

図 5-1-1　モデルの学習

　学習過程では、モデルが画像の特徴やパターンを分析します。学習が不十分なモデルは、正確ではない予測を行うことがありますが、大量の教師データを使って繰り返し学習することで、予測の精度が向上します。学習をし直すことを、再学習（再トレーニング）といいます。

● **モデルの調整中**

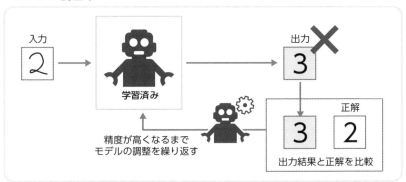

● **モデル完成後**

図 5-1-2　モデルの再学習

▶ 教師あり学習と教師なし学習

　モデルの学習には、「教師あり学習」と「教師なし学習」の 2 種類があります。

　教師あり学習は、事前にラベル付けされたデータセット（データのまとまり）を使用してモデルをトレーニングする方法です。先ほど例に挙げた、手書き数字の分類のためのモデルも、教師あり学習を行っています。教師あり学習では、教師データとして入力データと正解データの両方が必要です。先ほどの例では、手書き数字の画像が入力データであり、それにラベルとして付与した正解の数字が正解データです。モデルは学習を通じて、入力データと正解データの関係性をモデルの中に取り込みます。

　一方、**教師なし学習**では、ラベル付けされていないデータセットを使って学習します。教師なし学習では、データセットに含まれるパターンや構造が自動的に学習されます。例えば、「大量の顧客データを、顧客の性質ごとにグループ分けする」などといった分類作業用のモデルの学習に、教師なし学習を使うことができます。

▶ 教師データの量と質

　機械学習では、教師データの量と質が非常に重要です。教師データの量が不足していたり、データの質が悪い場合、機械学習モデルの精度は下がります。例えば、EC サイトでレコメンデーション（おすすめ商品の表示）を行う機械学習モデルを開発したい場合、顧客ごとの過去の購買履歴が大量にあればあるほど、精度が上がると考えられます。一方で、過去数回分の購入履歴しかなかったり、あるいは購入履歴ではなく顧客のメールアドレスなど、顧客の行動に無関係なデータしかない場合は、モデルの精度は期待できません。

▶ 推論

　モデルが入力データを受け取り、学習にもとづいてデータを処理し、出力データを返すプロセスのことを**推論**といいます。先ほどの例でいうと、機械学習モデルが手書き数字の画像を受け取った後、「その数字が何であるかを判断して出力する」部分が推論です。

　機械学習の利用の流れは、「事前に学習させて機械学習モデルを開発する」「機械学習モデルは入力データにもとづいて推論を行い、出力データを返す」というものになります。

▶ 生成 AI

　生成 AI とは、テキスト、画像、動画などのコンテンツを生成することに特化した AI の分野です。Google は生成 AI モデルを開発しており、Google Cloud 上で利用することができます。詳細を理解する必要はありませんが、試験では生成 AI の簡単な定義を答えられるようにしておきましょう。

5.2 Google Cloud の AI/ML サービス

　本節では、AI/ML 関連の Google Cloud サービスについて学びます。Google Cloud を使うと、AI の専門家でなくても、AI/ML の恩恵を得ることができます。

Google Cloud と AI/ML

▶ プロダクトの構成

　Google Cloud では、開発者のスキルやニーズに合わせて、さまざまな AI/ML ソリューションを提供しています。それらは表 5-2-1 のように、5 つのカテゴリに分類されます。各カテゴリは利用難易度とカスタマイズ性の間にトレードオフがあり、図 5-2-1 のような関係になっています。

表 5-2-1　Google Cloud の AI/ML プロダクトのカテゴリ

カテゴリ	説明
AI ソリューション	特定の業務に即座に適用できるパッケージ化されたソリューション
事前学習済み API	Google が開発した学習済みモデルを API 経由で利用できるサービス
AutoML	プログラミングの知識がなくても、カスタムモデルを作成できる
BigQuery ML	BigQuery のデータを利用して、SQL を使用したモデル作成が可能
カスタムトレーニング	高度なカスタマイズが可能なサービス

図 5-2-1　AI/ML プロダクトの利用難易度とカスタマイズ性

　例えば事前学習済み API は、Google が作成したモデルを使えるソリューションです。私たちユーザーはモデルを作成する手間なしに機械学習を活用できますが、カスタマイズ性は低くなります。反対に、カスタムトレーニングでは、独自の教師データや学習アルゴリズム（学習に使う数式）を使った高度なモデルの開発が可能です。ただし、教師データを準備する手間や、学習アルゴリズムを扱うための高度な知識が必要になります。

　このように、Google Cloud には利用難易度とカスタマイズ性に差がある複数のソリューションが用意されているため、**どのようなスキルレベルの人でも AI/ML を利用**することができます。

▶ AI ソリューション

　AI ソリューションは、機械学習のスキルがなくても特定の業務ですぐに利用できる、パッケージ化されたソリューションです。最も利用難易度が低い代わりに、カスタマイズ性も低いです。

　Recommendations AI は、商品のレコメンデーション（推奨）に特化した AI ソリューションです。EC サイトの利用者の行動や商品カタログから、個人に最適化された商品レコメンデーションシステムを簡単に構築できます。

　Document AI は、さまざまな形式のファイル（PDF、GIF、JPG、PNG など）から文字情報を識別して抽出したり、分類したりすることができます。

　Contact Center AI は、コンタクトセンター（コールセンター）の業務に特化した AI ソリューションです。顧客との会話の文字起こしを自動で行うなど、AI/ML を利用したさまざまな自動化が実現可能です。

▶ 事前学習済み API

　事前学習済み API は、Google が蓄積した膨大な画像、動画、テキストデータなどを用いて事前に学習されたモデルを、API 経由で利用できるソリューションです。これは、モデルの開発や運用の手間を Google が肩代わりするソリューションといえます。

　Cloud Vision API では、入力した画像ファイルから、テキスト、人の顔、オブジェクト（物体）、有名な建造物などを検出することができます。また、PDF からテキストを読み取る OCR 機能も利用できます。

　Cloud Translation API は、100 以上の言語間で翻訳を行うソリューションです。テキストを読み込ませるだけで、原文の言語が不明な場合でも、言語を特定して翻

訳する機能が備わっています。Google 翻訳を Google Cloud の API 経由で利用できるイメージです。

Speech-to-Text API は、音声データをテキストデータに変換するソリューションです。このソリューションにより、非構造化データである音声をテキストに変換することで、構造化データとして BigQuery などのデータベースに格納することができます。

Text-to-Speech API は、Speech-to-Text API とは反対に、テキストデータを音声データに変換します。日本語、英語、中国語を含む多くの言語に対応しており、プロに依頼して音声を録音しなくても、アナウンス用の音声などを生成できます。

Cloud Natural Language API では、テキストの感情分析、コンテンツ分類、重要な単語の抽出などが行えます。有名な人物や建造物などの固有名詞の識別も可能です。

POINT!

試験では、AI ソリューションや事前学習済み API サービスが数多く出題されます。本節で挙げたサービス名とそのユースケースを覚えておきましょう。各サービスについて、何をインプットして、何がアウトプットされるかを押さえてください。例えば、Document AI は、PDF や JPG 画像をインプットすると、テキスト情報がアウトプットされます。Cloud Natural Language API は、テキスト情報をインプットすると、感情分析結果やコンテンツ分類がアウトプットされます。

事前学習済み API を組み合わせて利用することで、ビジネスのニーズに合わせて独自のシステムを簡単に構築できます。例えば、事業を世界中に展開するグローバル企業が、世界中の営業所から送られてくる、さまざまな言語で書かれた PDF 形式の注文書を、日本語に翻訳してテキスト情報として一元的に管理するシステムを構築したいとします。このとき AI/ML がなければ、「人が PDF からテキスト情報を読み取ってテキストファイルを作成する」「そのテキストファイルを、人が日本語に翻訳する」という膨大な作業が発生してしまいます。しかし、Google Cloud の事前学習済み API を使えば、この作業を容易に自動化できます。まず、Cloud Vision API や Document AI を使って、PDF からテキストを抽出します。次に、そのテキストを Cloud Translation API を用いて日本語に翻訳します。このようにして、本来は人間が行うべきタスクを簡単に自動化できます。

図 5-2-2　事前学習済み API を使った注文書の翻訳

　また、自社でコンタクトセンター（コールセンター）を運営している企業では、顧客サービスの品質を向上させるための施策として、Speech-to-Text API を使って顧客との通話の録音データをテキストデータに変換し、そのテキストデータを分析のために蓄積することが考えられます。さらに、Cloud Natural Language API により感情分析を実施することで、ポジティブな会話とネガティブな会話を区別し、サービスの改善点を明らかにすることができます。また、録音データをスキャンして何の製品について話しているか、コンテンツ分類を行うこともできます。

　このように、AI/ML はアナログな世界で行われている業務をデジタルなデータに落とし込み、データドリブンな施策を行えるようにする効果があります。

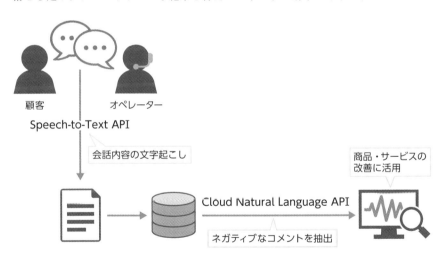

図 5-2-3　事前学習済み API を使ったコンタクトセンター

　このように事前学習済み API は、容易に、かつ素早く利用を開始できる一方で、Google が持っている一般的な学習データを使用しているため、自社独自のニーズを満たせないこともあります。例えば、過去の販売データをもとに商品の需給予測を行いたい場合や、工場の生産ラインにおいて自社製品の不良品を検知したい場合などには、自社の学習データを用いてモデルを学習する必要があります。そのよう

な場合は、後述する AutoML や BigQuery ML、カスタムトレーニングといったソリューションを検討することになります。

▶ AutoML

　プログラミングの知識なしで独自のモデルを構築したい場合、**AutoML** を利用します。AutoML では、教師データを準備するだけで、Google Cloud の Web コンソールから GUI で簡単にモデルを開発できます。プログラミング言語を使ってコードを記述する必要はありません。使い勝手のよさという観点で、AutoML は、容易に利用できる事前学習済み API と、高度なカスタマイズが可能なカスタムトレーニングの中間の位置づけです。ただし、ユーザーは大量の教師データを準備する必要があります。

表 5-2-2　**AutoML がサポートするモデルタイプ**

ソリューション名	データの種類
AutoML Image	画像
AutoML Video	動画
AutoML Text	テキスト
AutoML Tabular	表形式

▶ BigQuery ML

　構造化された学習データが BigQuery に保存されており、**ユーザーが SQL の扱いに慣れている場合**は、**BigQuery ML** でモデルを構築することが有用です。BigQuery ML では、BigQuery に対して SQL を実行することで、BigQuery に保存されたデータを使って機械学習モデルを構築したり、そのモデルを利用することができます。

　BigQuery ML では、データを BigQuery の外にエクスポートする必要がないため、データを移送する手間や、データ移送を自動化するプログラムを開発する手間が省けます。また、BigQuery ML は SQL で利用できるため、Python や Java などのプログラミング言語を学ぶ必要がありません。一般的なデータアナリストは、SQL に精通していても他のプログラミング言語には慣れていない場合が多いため、この点は大きなメリットといえます。

▶ カスタムトレーニング

　AutoML や BigQuery ML でもニーズに対応できない場合や、より高度なモデル開発が必要な場合は、**カスタムトレーニング**を選択します。カスタムトレーニング

は、**Vertex AI** という Google Cloud プロダクトの上で実施します。Vertex AI は、任意の学習アルゴリズムを使ったり、複雑な学習プロセスを自動化するためのソリューションです。これを利用するには高度なスキルが必要です。

　Vertex AI は、モデルのトレーニング、デプロイ、モニタリングなどを、単一のプラットフォームで行うことができる点が利点です。本来は「トレーニングするためのコンピュータ」「推論を行うためのコンピュータ」「推論の命令を受け取るための API」などを別々に実装する必要がありますが、Vertex AI であれば、単一のサービスでこれらを完結できます。

POINT!

> 試験では、開発者のスキルレベルやニーズ、開発にかけられる時間やコストに合わせて最適な AI/ML ソリューションを選ばせる問題が出題されます。例えば、以下のとおりです。
> ・大量の教師データを用意できないが、機械学習で画像分類を行いたい
> 　→事前学習済み API から Cloud Vision API を選択
> ・自社で大量の教師データを持っているが、ノーコードで独自のモデルを構築したい
> 　→ AutoML を選択
> ・自社にデータベース管理チームがあり、SQL の知識があるが、AI/ML の専門知識はない
> 　→ BigQuery ML を選択
> ・自社には高度な AI/ML 人材がいる。独自のアルゴリズムでモデルを構築したい
> 　→ Vertex AI カスタムトレーニングを選択

AI/ML 用のハードウェア

学習と推論に必要なリソース

　機械学習モデルは、学習と推論の両方の段階で、大量のコンピュートリソース（計算能力やメモリなど）を必要とします。機械学習モデルの学習には、数時間かかることも珍しくありません。学習にかかる時間が長くなると、時間的・金銭的コストが大きくなります。また、機械学習モデルによる推論は、レポート作成のための将来予測など十分に時間をかけてもよい性質のものもあれば、EC サイトの顧客への類似商品レコメンデーションなど、レスポンスの速さが重視されるものもあります。

　これらの理由で、学習や推論には処理性能の効率が求められるため、GPU や TPU
といった、機械学習の推論や学習を効率化するための専用ハードウェアが開発され
ています。

▶ GPU、TPU

　通常のアプリケーションであれば、計算を処理するのは **CPU**（Central Processing
Unit）ですが、機械学習の学習や推論では、**GPU**（Graphics Processing Unit）や
TPU（Tensor Processing Unit）といった特殊な集積回路を使うことで、高速に処理
を行うことができます。

　GPU は、もともとは画像や動画の処理を目的とした集積回路です。しかし、機械
学習の技術であるディープラーニングを効率的に処理できるため、AI の学習と推論
で GPU が使われることが多くなっています。

　TPU は、Google が独自に開発した機械学習特化の集積回路です。特に TensorFlow
（Google が開発した機械学習開発ライブラリ）などによる**ディープラーニング**と呼
ばれる機械学習手法において、高い処理性能を発揮することができます。Google
Cloud では Cloud TPU というサービスが提供されており、ハードウェアを購入しな
くても TPU を手軽に利用できます。

> POINT!
>
> TensorFlow を使ったディープラーニングの場合、処理性能を効率化するには
> **GPU よりも TPU** を使います。TPU のほうが、よりディープラーニングに特化し
> ているためです。

章末問題

問題 1

機械学習における教師あり学習について、正しく述べているものはどれですか。

A. 教師データからパターンを識別し、データを分類するために用いられる機械学習の手法であり、教師データには正解ラベルは付与されていない

B. ラベル付けされたデータセットを使用してモデルをトレーニングし、新しいデータに対して予測や分類を行う機械学習の手法である

C. モデルの性能を評価し、最適化するために使用される数学的アルゴリズムである

D. 試行錯誤を通じて最適な行動を学習する機械学習の手法であり、モデルは行動の結果として与えられる報酬を最大化するようにトレーニングされる

問題 2

EC サイトにおいて、顧客に最適な商品を提案するためのレコメンデーションシステムを開発しています。教師データとして最も適切なものはどれですか。

A. 氏名、メールアドレス、性別などの顧客データ

B. 同時に購入された商品の一覧、個数、日時などの購入履歴データ

C. 商品の名称、説明文、製造元などの商品データ

D. EC サイトのアクセス数やアクセス元の分析データ

問題 3

推論について正しく述べているものはどれですか。

A. 教師データをもとに機械学習を行い、機械学習モデルを作成すること

B. 乱数にもとづいてコンピュータが将来の行動を決めること

C. 機械学習モデルの精度が十分ではないときに、人間が経験にもとづいて出力データを補足すること

D. 入力データをもとに、機械学習モデルが出力データを作成すること

問題 4

複合機でスキャンした大量の請求書データが Cloud Storage に蓄積されています。これらをテキスト情報に変換して利用するには、どのサービスを使いますか。

A. Document AI

B. AutoML Text

C. Cloud Vision API

D. Contact Center AI

問題 5

自社で EC サイトを運営しており、顧客単価の向上を目指しています。できるだけ早く、顧客の購入履歴や行動データを分析して、パーソナライズされた商品レコメンデーションやプロモーション戦略を実施したいと考えています。この場合、どの Google Cloud プロダクトまたはサービスが適切ですか。

A. Recommendations AI

B. BigQuery

C. AutoML Tabular

D. カスタムトレーニング

問題 6

画像ファイルから、車や人などの一般的なオブジェクト（物体）を検出したいと考えています。しかし、自社では学習用のデータを持っていません。どの Google Cloud プロダクトまたはサービスが適切ですか。

A. カスタムトレーニング

B. BigQuery ML

C. Cloud Vision API

D. AutoML Vision

問題 7

原稿をコンピュータに読み上げさせ、店舗内で放送するナレーション音声ファイルを作成したいと考えています。どのサービスを使いますか。

A. Speech-to-Text API

B. Text-to-Speech API

C. Cloud Voice

D. Cloud Natural Language API

問題 8

顧客からのメールによる問い合わせを分類する自社専用の機械学習モデルを作成しようとしています。教師データとして、大量のテキストデータが利用可能です。しかし、自社には機械学習の専門知識を持つチームがありません。どのサービスが最も適切ですか。

A. AutoML Text

B. Cloud Natural Language API

C. Text-to-Speech API

D. Text Classifier

問題 9

BigQuery に保存されたデータに対して、SQL を用いて機械学習モデルを構築できる仕組みはどれですか。

A. Cloud SQL

B. Looker Studio

C. AutoML Tabular

D. BigQuery ML

問題 10

TPU について最も適切に表しているものはどれですか。

A. 集積回路の一種であり、どのような機械学習処理も効率化することができる

B. 集積回路の一種であり、特にディープラーニングを用いた機械学習処理を効率化することができる

C. 画像や動画の処理に最適化された集積回路である

D. CPU の処理を補助する集積回路であり、機械学習トレーニングを行う場合は必ず利用する必要がある

解答と解説

問題 1　　　　　　　　　　　　　　　　　　　　　　　　　　　[答] B

B が教師あり学習の説明です。A は教師なし学習、C は最適化アルゴリズムや評価指標、D は強化学習についての説明です。

問題 2　　　　　　　　　　　　　　　　　　　　　　　　　　　[答] B

A、C、D には、購買の傾向に関する情報が含まれていないため、教師データとして適していません。B には、同じタイミングでどの商品が一緒に購入されたかなど、購買の傾向に関するデータが含まれているので、レコメンデーション用モデルのトレーニングに適しています。

問題 3　　　　　　　　　　　　　　　　　　　　　　　　　　　[答] D

推論について正しく述べているのは D です。A はトレーニングについての説明です。B と C は、問題と直接的な関係はありません。

問題 4　　　　　　　　　　　　　　　　　　　　　　　　　　　[答] A

B の「AutoML Text」は、大量のテキストデータを教師データとして、テキストを分類するモデルを簡単に開発できるサービスです。C の「Cloud Vision API」は、入力した画像ファイルから、テキスト、人の顔、オブジェクト（物体）、有名な建造物などを検出するためのサービスです。画像から文字を検出する OCR 機能も備えていますが、大量のドキュメントから文字列を抽出し、かつ分類する場合は、Document AI のほうが適切です。D の「Contact Center AI」は、コンタクトセンター（コールセンター）の業務に特化した AI ソリューションです。

問題 5　　　　　　　　　　　　　　　　　　　　　　　　　　　[答] A

本問では、できるだけ早く施策を実施する必要があるため、Google Cloud の AI ソリューションでニーズを満たせないか検討します。Recommendations AI は、商品のレコメンデーションに特化した AI ソリューションです。ユーザーの行動や商品カタログから、個々のユーザーにパーソナライズされた商品レコメンデーションシステムを構築できます。

問題 6　　　　　　　　　　　　　　　　　　　　　　　　　　　[答] C

　「画像から車や人などの一般的なオブジェクトを検出したい」というニーズについ
てですが、「自社では学習用のデータを持っていない」という制約があるため、事前
学習済み API の中から Cloud Vision API を選択します。

問題 7　　　　　　　　　　　　　　　　　　　　　　　　　　　[答] B

　原稿を読み上げさせるサービスとして最も適切な選択肢は、B の「Text-to-Speech
API」です。A の「Speech-to-Text API」は、Text-to-Speech API とは逆で、音声デー
タを文字に書き起こすサービスです。C の「Cloud Voice」は存在しないサービス名
です。D の「Cloud Natural Language API」は、自然言語解析のためのサービスです。

問題 8　　　　　　　　　　　　　　　　　　　　　　　　　　　[答] A

　教師データが十分にある場合、選択肢 A の「AutoML Text」を使って自社専用の
モデルを開発することができます。B の「Cloud Natural Language API」は、自社専
用のモデルのカスタマイズをすることはできません。C の「Text-to-Speech API」は、
文字から音声を作成するサービスです。D の「Text Classifier」は存在しません。

問題 9　　　　　　　　　　　　　　　　　　　　　　　　　　　[答] D

　BigQuery ML を用いることで、SQL を使い、BigQuery に保存されたデータを教
師データとして機械学習モデルを構築できます。

問題 10　　　　　　　　　　　　　　　　　　　　　　　　　　[答] B

　TPU は、Google が独自に開発した機械学習特化の集積回路であり、TensorFlow
などによるディープラーニングにおいて、高い処理性能を発揮することができます。

第 6 章

Google Cloud による
インフラストラクチャと
アプリケーションの
モダナイゼーション

　「Google Cloud によるインフラストラクチャとアプリケーションのモダナイゼーション」というセクションでは、Google Cloud を使うことでITインフラがどのようにモダナイズ（近代化）され、また、それがどのようなメリットを企業にもたらすのかを理解する必要があります。

6.1　システムのモダナイゼーション

　本書では、インフラストラクチャのモダナイゼーションとアプリケーションのモダナイゼーションを総称して「システムのモダナイゼーション」と呼びます。この節では、システムのモダナイゼーションについて基本的な事項を学びます。

基本的な考え方

▶ インフラ

　第3章でも説明しましたが、**ITインフラストラクチャ**（以下、**インフラ**）とは、アプリケーション（ソフトウェア）が動作する基盤のことです。具体的には、ソフトウェアが稼働するサーバーや、サーバーとクライアントあるいはサーバー同士をつなぐネットワーク、ネットワークを構成する機器など、情報システムの土台となる部分を指します。インフラはオンプレミスで保有されることが一般的でしたが、2010 年代以降、急速にクラウド化が進みました。

▶ アプリケーション

　アプリケーションとは、試験においては「ソフトウェア」と同義と考えて差し支えありません。アプリケーションは、プログラミング言語で書かれたソースコードから作成され、サーバーなどのインフラ環境にホストされて稼働します。**ホストする**とは、アプリケーションを「搭載して、稼働させる」という意味です。試験では、「あなたの会社の Web サイトは現在、オンプレミスの物理マシンにホストされています。」というように登場します。

　なお、試験で「アプリケーション」という用語が登場した場合、問題文に明記されている場合を除いて、私たちが日常的に使うスマートフォンのアプリ（クライアントアプリ）ではなく、サーバー上にホストされたアプリケーションを指していると考えたほうがよいでしょう。

　また、サーバー上にアプリケーションを配置して稼働可能な状態にすることを**デプロイ**（展開）といいます。「ホストする」「デプロイ（展開）する」といった用語は、試験のみならず IT の現場で日常的に使われるので、きちんと理解しておきましょう。

▶ レガシーとモダン

Google Cloud が公開している試験ガイドには、「インフラストラクチャとアプリケーションのモダナイゼーション」「レガシーアプリケーション」といった用語が登場します。Google の考え方では、**レガシー**（前近代的）なインフラやアプリケーションとは、以下のような概念で構成されたものを指します。

- オンプレミス
- 仮想化技術やコンテナ技術を使わない
- モノリシックアーキテクチャ
- 開発のスピード感に欠ける
- 境界型セキュリティ
- プロプライエタリ（Proprietary）なソフトウェアを多用

「コンテナ技術」「モノリシックアーキテクチャ」については後述します。「境界型セキュリティ」とは、従来型のネットワークセキュリティを指す用語です。境界型セキュリティについては第 7 章で解説します。また、「プロプライエタリ」とは、特定の企業や組織が権利を保有していることを指す用語です。3.4 節で登場したオープンソースの対義語と考えて差し支えありません。

一方、**モダン**（近代的）なインフラやアプリケーションの概念は、以下のとおりです。

- クラウドを使う（ハイブリッドクラウドを含む）
- 仮想化技術やコンテナ技術を使う
- マイクロサービスアーキテクチャ
- スピード感のある開発
- ゼロトラストセキュリティ
- オープンソースを活用

「マイクロサービスアーキテクチャ」については後述します。また「ゼロトラストセキュリティ」については、境界型セキュリティとあわせて第 7 章で解説します。

試験では全体的に、「レガシーなインフラやアプリケーションをモダンなものに移行していく」ことを「よいこと」と捉えて問題に答えていきます。レガシーをモダンに移し替えていくプロセスのことを、**モダナイゼーション**（近代化）と呼びます。この用語は、「インフラをモダナイゼーションする」「アプリケーションをモダナイゼー

6

ションする」などのように使われます。

　インフラをモダナイゼーションする目的は、モダンなインフラによって開発効率を上げて、リリース（新しいアプリケーションや、既存アプリケーションへの機能追加を一般公開すること）の頻度を高め、現代の速いビジネス変化に柔軟に追従することです。このように開発効率を上げ、リリースのスピードを上げていくことを**リリースサイクルの高速化**といいます。

▶ インフラとアプリケーションのモダナイゼーション

　Google Cloud の公式ドキュメントでは、「インフラのモダナイゼーション」と「アプリケーションのモダナイゼーション」という 2 つの言葉がたびたび登場しますが、これらを厳密に区別することはできません。なぜなら、この 2 つは切っても切り離せない関係にあるからです。大枠の考え方としては、IaaS を使ってアプリケーションの設計を変更せずにシステムをクラウドに移行する（後述のリフト＆シフトの「リフト」）ことを「インフラのモダナイゼーション」と呼び、PaaS（サーバーレスなサービス）を使ってアプリケーションの設計も変えつつシステムをクラウドに移行することを「アプリケーションのモダナイゼーション」と呼びます。この定義が試験で詳しく問われることはありませんが、イメージを持っておいてください。

◤ 仮想サーバー、コンテナ、サーバーレス

▶ インフラの実装方法

　クラウドにおけるインフラの実装方法としては、**仮想サーバー**、**コンテナ**、**サーバーレス**の 3 つのキーワードが重要です。いずれも、アプリケーション（ソフトウェア）をホストするための技術です。

　本項では、仮想サーバー、コンテナ、およびサーバーレスの概要を説明します。これらのインフラの実装方法が Google Cloud では具体的にどのサービスに該当するのかは、次節で解説します。

▶ 仮想サーバー

　仮想サーバーは仮想マシンとも呼ばれます。試験では、この 2 つの用語は同じものだと考えてください。第 3 章で説明したように、仮想サーバーは、物理サーバー（物理マシン）の上で起動する仮想的なサーバーです。仮想化技術により、クラウ

ド提供事業者が大量に保有する物理サーバーの上で仮想サーバーが起動し、私たちユーザーはその仮想サーバーにログインし、アプリケーションをデプロイして稼働させます。仮想サーバーの利点は、以下のとおりです。

- 従来のサーバー技術と使い方が同じであり、運用者の学習コストが低い
- 同じ理由で、移行コストが低い
- カスタマイズ性が高い

　クラウドにおける仮想サーバーは、オンプレミスの物理サーバーや仮想サーバーと使い方が同じなので、OS レベルのカスタマイズ（設定変更）も可能です。クラウドを初めて導入する企業は、まずオンプレミスにある既存の物理サーバーや仮想サーバーを、クラウドの仮想サーバーに移行することが多いです。そのような場合は、クラウドの仮想サーバーへの移行が完了してから、よりクラウドのメリットが得られるコンテナやサーバーレスへの移行を検討します。このように、「まずオンプレミスのアプリケーションを同じインフラアーキテクチャで仮想サーバーへ移行する」「その後でクラウドらしいインフラアーキテクチャに再移行する」という**2 段階の移行戦略**が、企業がクラウド移行をスムーズに行うためによく用いられており、試験でも問われます。

　なお、この 2 段階の移行戦略のことを「リフト＆シフト」と呼びます。この用語自体は試験では登場しませんが、日本の IT 業界でクラウド移行について話をする際に、日常的に用いられます。

▶ コンテナ

　コンテナは、「物理サーバーや仮想サーバーの上で起動する小さなサーバー」をイメージしてください。技術的な厳密さを求めると、より詳細な定義が必要ですが、試験対策としてはこのような理解で十分です。

　コンテナでは、「OS」「ミドルウェア（アプリケーションが動作するための基盤として必要なソフトウェア）」「アプリケーション」などの一連の情報をコンテナイメージというファイルにパッケージ化でき、そのコンテナイメージから瞬時にコンテナを起動させることができます。起動したコンテナの 1 つ 1 つは、それぞれが個別のサーバーのように動作します。コンテナはクラウドにおいては、仮想サーバーの上で起動することもあれば、後述のサーバーレスなプラットフォームの上で起動することもあります。

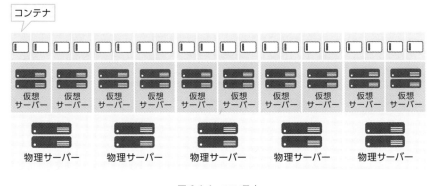

図 6-1-1　コンテナ

コンテナを使うメリットとして、以下のようなものが挙げられます。

● 起動が速いため、スケーラビリティが高い
● 開発効率が高い

　まず、「起動が速い」について説明します。第 3 章では、クラウドのメリットとしてスケーラビリティを挙げました。また、クラウドではオートスケーリングによって柔軟にサーバーの数量を増減させて、突発的に増えたアクセスに対応できることも述べました。クラウドにおける仮想サーバーは、プログラムの命令によって簡単に増減できますが、1 台のサーバーが起動するのに 10 分以上かかることも珍しくありません。追加開発によってアプリケーションの初期化（最初に起動するときに必要な処理）が複雑になったり、データ量が多くなると、起動時間は長くなります。この問題を解決する目的で、コンテナが用いられることがあります。コンテナは一般的に軽量であり、仮想サーバーよりも起動が速いため、より高いスケーラビリティを得ることができます。

　次に、「開発効率が高い」について説明します。アプリケーション開発においては、開発者が利用するパソコン環境と、実際にアプリケーションが動くサーバーの環境では、OS やプログラムを実行するためのプログラム（ランタイムといいます）などに差異が生じることがあります。コンテナでは、こういった一連の環境設定をコンテナイメージにパッケージ化できるので、ある環境を別の環境に容易に複製できます。よって、開発者の環境と実際にアプリケーションが動く環境で差異が生じにくくなります。これにより開発者は効率よく、高速に開発を進めることができます。

POINT!

「Compute Engine でアプリケーションをホストしている。追加開発によってアプリケーションが複雑化するにつれ、スケールアウト時の VM 起動の速度が遅くなってきている。」といったシチュエーションで、コンテナへの移行が検討されます。このようなシチュエーションを想像できるようにしておくと、試験で役立ちます。

▶ サーバーレス

サーバーレスとは、クラウド提供事業者がインフラを完全に管理・運用する形態を指します。サーバーレスのクラウドサービスは、第3章で紹介した PaaS に該当します。私たちユーザーは、プログラムのソースコードなどをアップロードするだけでよく、サーバーや OS を意識する必要はありません。その実体としては、裏で仮想サーバーやコンテナが起動しているのですが、私たちユーザーがそれを意識しないで済むようにクラウド提供事業者が管理・運用を引き受けてくれています（管理・運用はプログラムにより自動化されています）。サーバーレスは本項で紹介した3つのインフラ実装方法の中で、最もクラウドらしいものです。

サーバーレスを使うメリットとしては、以下のようなものが挙げられます。

- 初期開発コストが低い
- 運用コストが低い
- 月額コストが低い
- スケーラビリティが高い

上記のようなメリットはありますが、仮想サーバーに比べるとカスタマイズ性が劣るうえ、大規模なリソース確保が必要なアプリケーション（長時間の動画の処理、大規模分析など）には向かない傾向があります。

このような性質から、**スピード感をもって小〜中規模のプログラムを動かす際**はサーバーレスが第1の選択肢になります。

また、サーバーレスは一般的に、**スケーラビリティが高い**のが特徴です。システムが使われないときはリソースを確保しない状態にして（ゼロスケールともいいます）、クラウドの利用料金が発生しない状態にできる場合があります。

POINT!

新規展開するビジネスなどで、**展開当初のユーザー数の予想がつかない場合**などには、サーバーレスの高スケーラビリティという特徴が役立ちます。サーバーレスではあらかじめ仮想サーバーを構築する必要がないうえ、スケーラビリティが高いので、仮に当初のユーザー数が予想より少なくても無駄なコストがかかりませんし、逆に予想以上にユーザーが増えた場合でも対応できます。

アーキテクチャ

▶ アーキテクチャとは

　システム開発の世界では、**アーキテクチャ**という言葉が頻繁に登場します。Architecture という英単語をそのまま訳せば「構造」になります。IT の世界のアーキテクチャは、システムの設計や構成、組み合わせ方などを指す広い概念です。試験では、後述する「マイクロサービスアーキテクチャ」という種類のアーキテクチャが登場します。

▶ マイクロサービスアーキテクチャ

　マイクロサービスアーキテクチャは比較的新しいアーキテクチャの思想であり、2010 年代に登場しました。

　マイクロサービスアーキテクチャ以前のアーキテクチャでは、1 つのアプリケーションを構成する機能がすべて 1 つのシステムに備わっていました。EC サイトを例にとると、「顧客が商品を検索する機能」「顧客が商品を購入する機能」「定期購入の管理機能」「販売者が商品を管理する機能」など複数の機能が考えられますが、これらが 1 つのシステムに搭載されていました。このようなアーキテクチャを「モノリシックアーキテクチャ」と呼びます。

　一方、マイクロサービスアーキテクチャでは、これらの機能を独立した別々のシステム（サービス）に分割します。こうすることで、特に利用量が多いサービスだけを個別にスケールできたり（**スケーラビリティの向上**）、一部のサービスの障害が全体に波及しないようになったり（**可用性の向上**）、一部のサービスの改修や変更の影響範囲を狭めたり（**保守性の向上**）といったメリットがあります。

　マイクロサービスアーキテクチャを可能にしたのは、コンテナやクラウドの普及です。従来は技術的制約によりアプリケーションをモノリシックにする必要がありましたが、コンテナやクラウドにより、インフラの準備やスケーリングが容易になったため、マイクロサービスアーキテクチャが実現可能になりました。

6.2 Google Cloud の インフラサービス

　本節では、仮想サーバーやコンテナなどを利用するための Google Cloud サービスを紹介します。インフラ系のサービスは Google Cloud のコアであり、最も重要な知識領域です。

仮想サーバーとネットワーク

 Compute Engine

　仮想サーバーを実現する Google Cloud プロダクトは **Compute Engine** です。Compute Engine では、簡単な操作で仮想サーバーを起動することができます。また、Linux や Windows Server などの OS に対応しています。Compute Engine で構築された仮想サーバーは **VM** あるいは**インスタンス**といわれ、プロダクト名を付けて「Compute Engine VM」「Compute Engine インスタンス」のように呼ばれます。

　Compute Engine VM はオンプレミスの仮想サーバーと同様、OS レベルの設定変更も可能であり、柔軟性（カスタマイズ性）が高いことから、オンプレミスのサーバーやアプリケーションをほとんどそのまま移行することができます。そのうえオートスケーリングも可能なため、ユーザーはクラウド特有のスケーラビリティのメリットを享受できます。

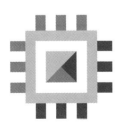

Compute Engine

- 仮想サーバーを起動するサービス
- 起動された仮想サーバーを VM またはインスタンスと呼ぶ
- Linux や Windows Server に対応
- OS レベルの設定変更が可能でカスタマイズ性が高い
- オンプレミスのサーバーやアプリケーションをそのまま移行したいときに使う

図 6-2-1　Compute Engine

▶ VPC

Compute Engine VM は、仮想的なネットワークである **Virtual Private Cloud (VPC)** 上に構築されます。システム構成図では、よく図6-2-2のように「Google Cloud という箱の中に VPC という箱があり、その中に Compute Engine の VM がある」と表現されます。

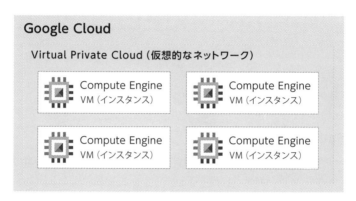

図 6-2-2　VPC と VM

▌ コンテナ

▶ Google Kubernetes Engine

コンテナを利用するための Google Cloud プロダクトは **Google Kubernetes Engine** です（略して GKE、または単に Kubernetes Engine とも呼ばれます）。Google Kubernetes Engine は、コンテナの管理を効率化するための管理ソフトウェアである Kubernetes を使いやすくして、Google Cloud サービスにしたものです。**Kubernetes** は、もともと Google が開発したオープンソースソフトウェアであり、複数のコンテナを複数のサーバー上で効率的に動作させるための管理（オーケストレーションといいます）を行うツールです。Kubernetes はオンプレミスのサーバーにもインストールでき、また、AWS や Microsoft Azure など他のクラウドサービスでも、Kubernetes をクラウド上で利用するためのプロダクトが提供されています。その Kubernetes を本家本元の Google がクラウドサービス化したのが、Google Kubernetes Engine です。

Google Kubernetes Engine はコンテナアプリケーションをホストするためのプロダクトであり、Kubernetes のインストールや細かい管理は不要です。Google Kubernetes

Engine を使い、アプリケーションをコンテナ上で動作させることで、コンテナの**スケーラビリティを得る**ことができます。また、コンテナのメリットである柔軟かつ高速な開発により、**アプリケーションのリリースサイクルの高速化**が期待できます。

なお、後述の Cloud Run も同様にコンテナをデプロイするためのサービスですが、Google Kubernetes Engine では Kubernetes の強力な管理機能によって、Cloud Run よりも大規模で複雑なコンテナアプリケーションを運用できます。

Google Kubernetes Engine
- コンテナアプリケーションをホストするためのサービス
- 元は Google が開発した Kubernetes
- メリットはスケーラビリティと、開発サイクル（リリースサイクル）の高速化

図 6-2-3　Google Kubernetes Engine

サーバーレス

▶ Cloud Functions

Google Cloud の代表的なサーバーレスプロダクトが **Cloud Functions** です。Cloud Functions では、ソースコードをアップロードするだけでプログラムが動作します。対応している言語（ランタイム）は、2024 年 5 月現在で Java、PHP、Python、.NET Core、Ruby、Node.js、Go です。Cloud Functions は、インフラの管理や OS の管理、またプログラムが動作する基盤となるソフトウェア（ランタイム）の管理が不要なので、**運用コストが非常に低い**のが特徴です。つまり、OS やミドルウェアのアップデート作業など、仮想サーバーの場合に発生する定常作業がありません。

このように Cloud Functions はメリットばかりのように思えますが、前述のとおり、対応している言語が限られていたり、監視・運用のためのエージェントソフトウェアがインストールできなかったり、プログラムの最大実行時間が 9 分〜60 分（利用方法により異なる）であるなど、多くの制約があります。Cloud Functions は、**複雑性が低く実行時間が比較的短い小規模プログラム**に向いているといえます。また、Cloud Functions は**イベントドリブン**な処理に特に有効です。イベントドリブン

とは、何らかのシステム的なイベント（出来事）をきっかけにして処理が起動することを指します。例えば、「あるプログラムが Cloud Storage に画像ファイルをアップロードした」というイベントをきっかけに、Cloud Functions を起動して、元画像を加工してサムネイル画像を生成するといった処理がイベントドリブンです。

Cloud Functions

- サーバーレスプラットフォーム
- Java、PHP、Python などのプログラミング言語に対応
- ユースケース①：複雑性が低く実行時間が比較的短い小規模プログラム
- ユースケース②：イベントドリブンなプログラム

図 6-2-4　Cloud Functions

▶ Cloud Run

　近年、Google Cloud が前面に押し出しているサーバーレスのプロダクトとして **Cloud Run** があります。Cloud Run は、コンテナイメージをアップロードするだけでプログラムが動作する、コンテナ用のサーバーレスプラットフォームです。Cloud Run はユースケースが幅広く、シンプルな Web アプリケーション（Web ブラウザ経由で使うアプリケーション）や、バッチ処理（多くのデータを一度にまとめて処理すること）などに利用できます。同じくコンテナをデプロイするためのサービスである Google Kubernetes Engine との違いは、Cloud Run はサーバーレスであり、より管理工数が小さく、シンプルなアプリケーションに向いていることです。

Cloud Run

- コンテナをデプロイできるサーバーレスプラットフォーム
- Web アプリケーションやバッチ処理など、さまざまなユースケースに対応

図 6-2-5　Cloud Run

Cloud Run と Cloud Functions はいずれもサーバーレスなプラットフォームであり、シンプルで軽量なアプリケーションに向いています。違いとしては、以下のようなものがあります。特に、太字の部分を覚えてください。

・Cloud Run は**コンテナをデプロイ**する。Cloud Functions はソースコードをデプロイする

・Cloud Run は Web アプリケーションやバッチ処理に向いている。Cloud Functions は**イベントドリブンで短時間の処理**に向いている

▶ App Engine

Web アプリケーション向けのサーバーレスプロダクトとして、**App Engine** があります（Google App Engine またはそれを略して GAE と呼ばれることもあります）。App Engine も Cloud Functions と同じく、ソースコードをアップロードするだけでプログラムが動作します。実行時間に制限はなく、2 つあるプラン（Standard environment と Flexible environment）のうち Flexible environment を選べば、言語の制約もありません。ただし、Cloud Functions や Cloud Run よりも月額費用が高くなります。

App Engine の特徴としてデプロイ戦略の柔軟性があります。デプロイ戦略（リリース戦略ともいいます）とは、アプリケーションに新機能を追加するときなどに、その機能を一般公開する手順のことです。例えば**カナリアデプロイ**（カナリアリリースともいいます）を使うと、まずは数パーセントのユーザーにだけ新機能を公開し、問題が出ないかを確認しながら徐々に公開範囲を広げていく、というデプロイが可能になります。

App Engine

- サーバーレスプラットフォーム
- 環境によってはプログラミング言語による制約がない
- Web アプリケーション向き

図 6-2-6 App Engine

ハイブリッドクラウド、マルチクラウド

▶ GKE Enterprise

　ハイブリッドクラウドやマルチクラウドを実現する Google Cloud サービスとして、**GKE Enterprise**（旧称 Anthos）があります。簡単にいうと、GKE Enterprise は「オンプレミスや他のクラウドサービスのサーバーに構築できる Google Kubernetes Engine」です。運用上の理由やレイテンシの要件などに対応するために、オンプレミスや他のクラウド上で、コンテナアプリケーションを Google Kubernetes Engine と同じ操作感と運用体制で実行することができます。

　GKE Enterprise を使うことで、Google Kubernetes Engine の枠組みを使い、単一の管理・運用体制でクラウドとオンプレミスの両方に同じアプリケーションを展開することができます。

GKE Enterprise

- オンプレミスや他のクラウドサービスのサーバーで稼働する、Google Kubernetes Engine と同じ操作感のコンテナアプリケーションプラットフォーム
- マルチクラウドやハイブリッドクラウドの実現のために利用される

図 6-2-7　GKE Enterprise

POINT!

GKE Enterprise を使うことで、オンプレミスや他のクラウドサービスに Google Kubernetes Engine を拡張できます。Google Cloud だけでなく、オンプレミスや他のクラウドなど、複数の基盤上で稼働できることを「マルチプラットフォームで稼働する」といいます。「マルチプラットフォームに対応したコンテナ管理サービスは何？」と問われたら、GKE Enterprise と答えられるようにしておきましょう。また、「単一の管理画面や単一の運用体制のまま、ハイブリッドクラウドやマルチクラウドでコンテナを運用するにはどうすればよいか」といった問いにも、GKE Enterprise と答えましょう。

▶ Google Cloud VMware Engine

Google Cloud VMware Engine は、オンプレミスの VMware 仮想サーバーの移行先となるソリューションです。ここでいう VMware とは、2023 年に Broadcom 社に買収された VMware 社が開発した仮想化技術と、同社のソリューションを指します。オンプレミスの物理サーバー上で VMware の仮想サーバーを運用している企業は多数あります。しかし、VMware の仮想サーバーと、Google Cloud が提供する Compute Engine の仮想サーバーは、基盤となる技術が異なるため移行には多少の手間がかかります。Google Cloud VMware Engine を使うことで、オンプレミスの VMware 仮想サーバーをスムーズに Google Cloud に移行することができます。また、オンプレミスの VMware の運用体制をそのままクラウドでも利用できる点もメリットです。

なお、Google Cloud VMware Engine では、VMware を稼働させるための物理サーバーの運用は Google Cloud が行います。

6

127

6.3 APIが生み出す ビジネス価値

　クラウドを使っていると、API という言葉をよく耳にします。API は Application Programming Interface の略称です。

　本節では、API の基本的な意味と、Google Cloud との関わり、またそのメリットを紹介します。

基本的な考え方

▶ API

　第 2 章で述べたように、**API** とは、あるプログラムが別のプログラムから命令を受けるための窓口です。特にインターネット経由で利用できる API を、Web API と呼びます。本書で「API」と記載している箇所は、基本的には Web API のことを指します。

　例えば、有名な SNS である X（旧 Twitter）にも API が用意されています。私たちはオリジナルのプログラムから X の API を呼び出すことで、投稿内容を大量に取得して集計などを行うことができます。なお、「API を呼び出す」とは、API に情報提供や何らかの命令をリクエストすることを意味し、「API をコールする」といったり、俗に「API をたたく」ともいいます。

▶ API のメリット

　システムから API 経由で情報が提供されていれば、プログラムから情報を簡単に取得することができ、ユーザーにメリットをもたらします。ここで、前述の X を例に挙げて説明します。マーケティング部門が過去 6 か月間に行った投稿の数と、それぞれの投稿に付いた「いいね」と「リポスト」の数を集計するとします。これを人間が手作業で行う場合、過去 6 か月分の投稿をすべてさかのぼって Web ブラウザで閲覧し、Excel のワークシートなどにメモすることになります。投稿数が多ければ、気の遠くなるような作業となってしまいます。しかし、X には API が用意されているので、マーケティング部門の人は簡単なプログラムを書いて API を呼び出すことで、過去の投稿を取得できます。API から取得できる情報は所定のフォーマットに従っているので、その情報をプログラムで集計することも容易です。

　自社開発するシステムも、このようにAPIで情報提供をすることで、システムの
ユーザーにメリットを与えることができます。

図 6-3-1　API

▶ APIによるレガシーアプリケーションのモダナイズ

　クラウドの登場前から存在するシステムでは、外部とデータを連携するとき、ファ
イルによる連携や、特殊なフォーマットによるネットワーク経由でのやりとりなど、
さまざまな方法を用いていました。しかし近年では、インターネットを経由した
Web APIによるデータ連携が一般的になっています。

　Google Cloudでは、後述のApigeeなどを用いてレガシーなアプリケーションに
Web APIを追加することで、アプリケーションのモダナイゼーションを行うことが
できると考えられています。なぜなら、従来からあるアーキテクチャのアプリケー
ションでも、API経由でデータの連携やサービス提供を行えば、新しいアプリケー
ションとの**データ連携が容易になる**からです。また、API経由でのデータ連携は、
リアルタイム性が高まりやすいことも特徴です。多くのレガシーアプリケーション
では、例えば1日1回、深夜帯に、ファイル連携によりシステム間でデータ連携を
行うことが一般的です。このように少ない頻度で一度に多くのデータを処理するこ
とを、バッチ処理と呼びます。一方、APIを使うと、バッチ処理よりも高い頻度で
即時にデータ連携することが可能になります。このような処理をオンライン処理と
呼びます。バッチ処理とオンライン処理の違いについて試験で深く問われることは
ありませんが、参考として理解しておいてください。

> **POINT!**
>
> アプリケーションにAPIを構築する目的やメリットとしては、以下のようなもの
> があります。
> ・**プログラム同士が相互に通信**できるようになる
> ・データ連携が容易になり、**リアルタイム性が高まる**

Google Cloud における API

▶ Google Cloud APIs

　Google Cloud は API を 公開 し て い ま す。Compute Engine や Cloud Storage、BigQuery といったサービスごとに API が用意されており、プログラムからそれらの API を呼び出すことで、作業を自動化することができます。特に、外部のシステムから Cloud Storage や BigQuery とデータをやりとりする際は、API を経由します。これらの Google Cloud サービスの API 群を総称して **Google Cloud APIs** と呼びます。

▶ Apigee

　Apigee API Management（単に **Apigee** とも呼びます）は、独自アプリケーションに API を実装、管理、保護するための Google Cloud サービスです。Apigee はフルマネージドのサービスであり、アプリケーションの API の入口として機能します。このような API の入口としての機能を、API ゲートウェイといいます。外部のシステムからアプリケーションやデータに直接アクセスさせるのではなく、API ゲートウェイとして Apigee を間に挟むことで、API の実装と管理が容易になるほか、セキュリティの向上、認証・認可や課金の仕組みの構築、モニタリングなどがしやすくなります。ここでいうモニタリングとは、API が利用された数や、レイテンシなど、管理上必要な指標（メトリクスともいいます）を閲覧したり、監視できることを指します。Apigee ではそのような指標を見るためのダッシュボードが用意されています。

Apigee API Management
- アプリケーションにAPIを実装するためのフルマネージドプラットフォーム
- セキュリティ向上、認証・認可、APIへの課金、モニタリングなどが可能

図 6-3-2　Apigee API Management

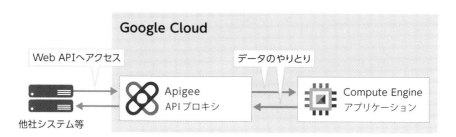

図 6-3-3　Apigee による API の構築

POINT!

Apigee は**外部システムと自社アプリケーションの間に設置**され、API 連携を実現するための仕組みである、と覚えてください。

6

章末問題

「ホストする」という言葉を使った次の記述のうち、正しいものはどれですか。

A. Google Cloud で提供されるコンピューティングサービスである Compute Engine VM と、Cloud Functions はいずれも自社開発のアプリケーションでホストできる

B. 自社開発したアプリケーションを、Compute Engine VM でホストするか、Cloud Functions でホストするかを検討する必要がある

C. このアプリケーションは、Compute Engine VM をホストしている

D. アプリケーションのモダナイゼーションの一環で、サーバーレス化を試みた結果、Cloud Functions をホストすることに決定した

マイクロサービスアーキテクチャについて正しく説明しているものはどれですか。

A. ソースコードを最小限にすることで、開発効率と保守性を高めたアーキテクチャ

B. サーバーレスやコンテナなど、軽量なインフラストラクチャを利用するアーキテクチャ

C. 1 つのアプリケーションを、機能ごとに別々のサービスとして分割したアーキテクチャ

D. すべての機能を単一のアプリケーションとして構成するアーキテクチャ

コンテナ技術について正しく説明しているものはどれですか。

A. 物理サーバー上に起動する仮想的なサーバーである

B. 開発コストが高く、スピードが求められる開発には適さない

C. スケーラビリティは仮想サーバーに劣る

D. イメージファイルの中に、OS、ミドルウェア、アプリケーションなどをパッケージ化できる

問題 4

サーバーレスを選択すべきケースはどれですか。

A. プログラムが大規模である。スケーラビリティを最重視している

B. プログラムが小規模である。運用コストをできるだけ下げたい

C. プログラムが中規模である。インフラに高度なカスタマイズ性が求められている

D. プログラムが大規模である。運用コストをできるだけ下げたい

問題 5

サーバーレスなプラットフォームにアプリケーションをデプロイする場合、どの
Google Cloud サービスを選択しますか。

A. Compute Engine

B. Google Kubernetes Engine (GKE)

C. Cloud Functions

D. GKE Enterprise

問題 6

コンテナを効率的に扱うことができる Google Cloud サービスはどれですか。

A. Compute Engine

B. Google Kubernetes Engine (GKE)

C. Cloud Functions

D. App Engine

問題 7

単一のコンテナで稼働する Web アプリケーションをホストするには、どの
Google Cloud サービスを用いますか。

A. Google Kubernetes Engine (GKE)

B. App Engine

C. GKE Enterprise

D. Cloud Run

問題 8

マルチクラウドまたはマルチプラットフォームで、コンテナを用いたアプリケーションを稼働させるには、どのソリューションを用いればよいですか。

- **A.** Compute Engine
- **B.** App Engine
- **C.** GKE Enterprise
- **D.** Google Cloud VMware Engine

問題 9

自社のアプリケーションに API を持たせるメリットについて、正しく説明しているものはどれですか。

- **A.** データ連携手法が最新化することによって、データの処理が高速化する
- **B.** アプリケーションの開発が高速化し、リリースサイクルが高速化する
- **C.** データの利便性が向上する。また、データ連携のリアルタイム性が向上する
- **D.** Google Cloud のセキュリティが向上する

問題 10

自社のアプリケーションに Web API を実装し、他のシステムとデータ連携することを検討しています。利用すべき Google Cloud サービスはどれですか。

- **A.** Apigee API Management
- **B.** Compute Engine
- **C.** App Mesh
- **D.** Google Cloud APIs

解答と解説

　　　　　　　　　　　　　　　　　　　　　　　　　　[答] B

　「ホストする」とは、ある基盤の上でアプリケーションなどを稼働させることをいいます。そのため、「Compute Engine VMがアプリケーションをホストする」「Compute Engine VMでアプリケーションをホストする」のような表現が正しいです。

　　　　　　　　　　　　　　　　　　　　　　　　　　[答] C

　マイクロサービスアーキテクチャは、個々の機能を別々のサービスとして開発し、それらを組み合わせることで1つのアプリケーションとするアーキテクチャです。スケーラビリティ、可用性、保守性などの面でメリットがあります。

6

　　　　　　　　　　　　　　　　　　　　　　　　　　[答] D

　コンテナの特徴を表しているのはDです。コンテナには、この他、「開発効率が高い」「スケーラビリティに優れている」などの特徴もあります。

　　　　　　　　　　　　　　　　　　　　　　　　　　[答] B

　サーバーレスには、「小〜中規模なプログラムに適している」「初期開発コスト、運用コスト、月額コストが低い」などの特徴があります。

　　　　　　　　　　　　　　　　　　　　　　　　　　[答] C

　選択肢の中で、サーバーレスなプラットフォームはCloud Functionsのみです。

　　　　　　　　　　　　　　　　　　　　　　　　　　[答] B

　Google Kubernetes Engine（GKE）は、コンテナオーケストレーションツールであるKubernetesをマネージドサービス化したプロダクトです。

　　　　　　　　　　　　　　　　　　　　　　　　　　[答] D

　選択肢A〜Dに示されたGoogle Cloudサービスのうち、コンテナをデプロイできるのはGoogle Kubernetes Engine（GKE）とGKE Enterpriseですが、いずれも複雑なコンテナオーケストレーションを実現するためのサービスです。Cloud Runは、シンプルなコンテナアプリケーションのデプロイに適しています。

問題 8　　　　　　　　　　　　　　　　　　　　　　　　　　　　[答] C

　GKE Enterprise は、複数のクラウド（複数のプラットフォーム）で Google Kubernetes Engine ベースのコンテナ管理を提供するサービスです。

問題 9　　　　　　　　　　　　　　　　　　　　　　　　　　　　[答] C

　アプリケーションに API を構築するメリットは、データ連携が容易になり、リアルタイム性が高まることです。

問題 10　　　　　　　　　　　　　　　　　　　　　　　　　　　[答] A

　Apigee API Management は、外部システムと自社アプリケーションの間に設置され、API 連携を実現するための仕組みです。

第 7 章

Google Cloud で実現する
信頼とセキュリティ

「Google Cloud で実現する信頼とセキュリティ」というセクションでは、Google Cloud をセキュアに（安全に）使う方法が問われます。

7.1 情報セキュリティの基本

　クラウドの情報セキュリティを確保するには、IT の世界にはどのような脅威があり、またその脅威にはどのように対応すべきなのかを理解する必要があります。Google Cloud におけるセキュリティソリューションを学ぶ前に、情報セキュリティの基本を理解します。

基本的な考え方

▶ IT におけるセキュリティ

　IT におけるセキュリティの三大要素といわれるのが「機密性」「完全性」「可用性」です。これらを維持することが、情報セキュリティの目的です。

　機密性とは、正当な権限を持つ人だけが情報にアクセスできることをいいます。情報漏洩によって企業のトップが記者会見で謝罪する光景も、今ではお馴染みであり、情報セキュリティと聞いて多くの人が思い浮かべるのは、この性質です。

　完全性とは、情報が欠損したり、改ざんされたりしていないことを指します。契約書などの法的文書が改ざんされると大きな問題になります。また、保持すべき情報が失われてしまうことも重大な情報セキュリティインシデントです（インシデントとは、事案や事件のことです）。例えば Web で提供されるストレージサービスで、顧客から預かったデータが消失してしまったら、重大なインシデントです。

　可用性とは、正当な権限を持つ人が、必要なときに情報にアクセスできることをいいます。読者の皆さんは、「サーバーが落ちた」という言葉を聞いたことがあると思います。これは、システムが負荷に耐えきれず、ダウンしてしまい、可用性が失われた状態を指します。**DoS**（Denial of Service）攻撃や **DDoS**（Distributed Denial of Service）攻撃という言葉を聞いたことがあるでしょうか。意図的にシステムに大量のアクセスを仕掛け、システムの負荷を上昇させ、利用不可にしてしまう攻撃手法のことです。DoS や DDoS 以外にも、可用性を脅かすサイバー攻撃の手法は多数存在します。これらの攻撃からシステムを守り、可用性を維持することが重要です。

　クラウドでも、このセキュリティの三大要素「機密性」「完全性」「可用性」を維持する施策が必要です。

▶ クラウドにおけるセキュリティ

　クラウドにおけるセキュリティは、オンプレミスのセキュリティと大きく異なるものではないので、一般的な情報セキュリティの基礎知識をそのまま適用できます。ただし、責任共有モデルなど、特徴的な考え方は押さえておく必要があります。

　クラウドが流行する前や流行し始めた頃は、「クラウドは安全なのか？」「他社にデータを預けるのは不安だ」といった意見が聞かれました。しかし、こういった声は、2010年代後半には鳴りを潜めたといえます。クラウド提供事業者が、ISO/IEC 27001や27017、SOC2、SOC3をはじめとする標準規格に則った認証を受けていることや、厳密なセキュリティ施策を行っていることが周知の事実となったからです。

　クラウドにデータを預けることは、ユーザーがセキュリティ設定を適切に行っている限り、極めて安全です。ただし、「セキュリティ設定を適切に行っている限り」という部分がとても重要で、クラウドを安全に利用するには正しいセキュリティ知識が必要です。

▶ 認証、認可、監査（アカウンティング）

　認証、認可、監査（アカウンティング）は、情報セキュリティにとって重要な要素です。英語ではそれぞれAuthentication、Authorization、Auditing（Accounting）と表され、頭文字をとってAAAと呼ばれます。3つめの要素は、Auditingと表される場合とAccountingと表される場合があり、Auditingの場合は監査と訳されます。本書では監査（アカウンティング）と表記します。

　認証とは、システムやデータの利用者が、利用を許可された本人であるかどうかを確かめることを指します。読者の皆さんも、IDとパスワードを入力してシステムにログインした経験があるはずです。このように、IDとパスワードを入力させることは最も基本的な認証の手法です。この手法では、パスワードを知っているのはユーザー本人だけであるという前提で、パスワードを知っている人間を認証しています。

　認可とは、認証された人に対してどのような利用方法を許可または拒否するかを、事前の設定にもとづいて決定するプロセスを指します。認可のプロセスでは、認証を通った利用者に対して、システム上の権限が付与されます。人事・給与システムを例にとると、「人事部の人は全社員の給与情報にアクセスできる」「一般従業員は自分の情報にだけアクセスできる」のように、アクセスできる機能やデータが制御されています。人事・給与システムにログインしたとき、システムの内部では認可のプロセスが行われており、ログインしたIDにもとづいて適切なシステム上の権限が付与されるため、操作可能な範囲が所属部署によって変わるのです。

　監査（アカウンティング）とは、利用履歴や操作履歴を記録することを指します。適切に履歴を記録して一定の期間保管しておくことで、情報セキュリティ事故があった際に、適切な対応をとることができます。

　なお、人間だけではなく、プログラムが別のプログラムにアクセスする際は、プログラムも認証、認可、アカウンティングの対象になります。認証の対象となる人やプログラムのことを「**アイデンティティ (ID)**」と呼びますので、この用語も覚えてください。

POINT!

システムへのログインだけでなく、データへのアクセスにも認証を設定できます。特に Google Cloud では、インターネット全体に意図的に情報を公開したい場合を除いて、BigQuery や Cloud Storage へアクセスする際に**認証**が必要な状態に設定するべきです。

責任共有モデル

▶ 責任共有モデルとは

　クラウドのセキュリティを学ぶにあたって、**責任共有モデル**というキーワードを覚えてください（この言葉の意味は、第 3 章ですでに説明しているため、改めてそちらをご参照ください）。

　クラウド提供事業者、すなわち Google Cloud 社の責任範囲は、**ハードウェアの確保、更新、セキュリティ**といった部分です。一方、例えば Compute Engine や VPC といったプロダクトをどのように組み合わせるか、すなわち**アーキテクチャ**の設計は私たちユーザーの責任です。また IaaS や PaaS では、**アプリケーションの開発**や、**アプリケーション側のセキュリティ**もユーザーの責任です。右ページに、第 3 章に掲載した図を再掲します。

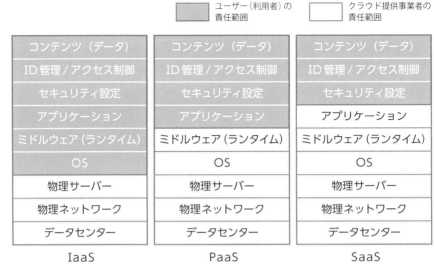

図 7-1-1 責任共有モデル

▶ アプリケーション側のセキュリティ

前述した「アプリケーション側のセキュリティ」という言葉にピンとこない方もいるかもしれません。例えば、悪意を持ったアプリケーションユーザーが、Web アプリケーションの入力フォームにプログラムを紛れ込ませることで、システムからデータを抜き取ったりする手法があります。こういったアプリケーションに対する攻撃手法は、本書では詳述しませんが、「SQL インジェクション」「クロスサイトスクリプティング」「クロスサイトリクエストフォージェリ」など、有名なものを挙げるだけで何十種類もあります。

これらの攻撃に対しては、ユーザー自身がプログラムをコーディングする際に対策したり（セキュアコーディング）、脆弱性（プログラムに潜む弱点）が修正された最新のライブラリ（自分のプログラムに組み込んで使う外部のプログラム）を使うなど、守るべきベストプラクティスがあります。

なお、試験では、個々の攻撃手法や防御手法の名称は問われません。大事なのは、アプリケーションレベルの対策は**ユーザーの責任**であるという点です。ただし、それは IaaS と PaaS を使う場合の話であり、SaaS においては異なります。Google Workspace のような SaaS アプリケーションでは、アプリケーション側のセキュリティもクラウド提供事業者によって対策されています。IaaS と PaaS のように、ク

ラウドをインフラとして利用する場合にだけ、アプリケーション側のセキュリティ
に関する責任がユーザー側に生じると考えてください。

セキュリティ対策

ファイアウォール

ファイアウォールは、最も基本的なネットワークセキュリティツールです。ファ
イアウォールは通常、ネットワークの出入り口に設置され、入ってくるトラフィッ
ク（通信）と出ていくトラフィックの両方を検査します。トラフィックの宛先または
送信元の IP アドレスや、ポート番号を検査し、事前に定義したルールにもとづいて
通信を許可したり、拒否したりします。なお、IP アドレスはネットワーク上の機器
の住所であると第 3 章で説明しましたが、ポート番号はマンションの部屋番号のよ
うなものだと考えてください。

Web Application Firewall（WAF）

Web Application Firewall (WAF) は、ネットワークセキュリティツールです。
前述のファイアウォールと名称が似ていますが、別物だと考えてください。WAF
は、「SQL インジェクション」「クロスサイトスクリプティング」「クロスサイトリ
クエストフォージェリ」といった、アプリケーションへの攻撃を検知してブロック
します。また、クラウド提供事業者が提供する WAF もあります。そのようなクラ
ウド型の WAF は、クラウド提供事業者の強力なインフラを背景にして、DDoS 攻撃
への対策もできる場合があります。

暗号化

暗号化とは、暗号鍵という論理的な鍵を使ってデータを暗号化して保存したり、
暗号化された状態のデータを通信したりすることを指します。

暗号化しておけば、仮に保存中のデータが盗まれたり通信中のデータが盗聴され
たりしても、復号のための鍵が盗まれない限り、データが悪用されることはありま
せん。

暗号化されたデータは、適切な鍵を用いることで**復号**（暗号化前の状態に戻すこ
と）できます。データが暗号化されていても、復号のための鍵が漏洩するとデータ
が読み取られるおそれがあるので、鍵の管理は厳密に行う必要があります。

▶ ゼロトラストセキュリティ

ゼロトラストセキュリティは、比較的新しいセキュリティの考え方です。従来型のセキュリティは境界型セキュリティと呼ばれ、ネットワークの「外側」と「内側」を区別し、社内のネットワークを「内側」とします。内側のネットワークにある機器やシステムはお互いを全面的に信頼し、自由に通信しあえる状態となります。内側ネットワークと外側ネットワークの境目にファイアウォールを配置して、通信を制御するのが定石です。

しかし、2010年代以降に一般的になった標的型攻撃などにより、社内ネットワークにマルウェアが入り込んだり、悪意を持った侵入者や内部犯が社内ネットワークに入り込むと、境界型セキュリティは意味をなしません。これが、近年ゼロトラストセキュリティが注目されている理由です。

ゼロトラストセキュリティは、その名のとおり、すべての機器を信用せず、まず疑います(トラスト = 信頼)。通信の際は、認証が通ったアイデンティティだけがシステムやデータにアクセスできます。また、すべての端末(PC、モバイルデバイスなど)も認証の対象です。端末が指定の番号を持っているかどうかや、指定のバージョンのOSを使っているか、また適切なセキュリティソフトがインストールされているかなどを条件にして端末を認証し、条件を満たしている端末だけが認証に成功します。

▶ コンプライアンス

▶ 第3者認証

クラウド提供事業者は、セキュリティ上の理由で、自社のデータセンターの場所を秘匿していることがほとんどです。クラウドの安全性を確かめるためにデータセンターを見学に行く、といったことは、通常はできません。また、運用体制なども秘匿化されています。

クラウド提供事業者が適切かつ安全にサービスを運営しているかどうかは、**第3者認証のレポート**で確認できます。第3者認証とは、中立的な第3者が組織やシステムを監査し、一定の基準に達していることを証明する認証のことです。代表的なものとして、情報セキュリティの要件を規定したISO/IEC 27001や、サービス提供組織のセキュリティや可用性、プライバシー管理の評価レポートであるSOC 2レポートなどが挙げられます。このような第3者認証に関するレポートは、コンプライアンスレポートと呼ばれることがあります。Google Cloudでコンプライアンスレポートを確認する方法は、次節で解説します。

▶ データ主権

データ主権（Data Sovereignty）とは、ある国・地域で収集、保管されたデータは、その国・地域の法令に従うものであり、他国によって侵害されるべきではないとする考え方のことです。インターネットとクラウドの台頭によって、データは簡単に国境を越えるようになりました。特にクラウドでは、複数のリージョンに渡ってサービスが展開されていることも珍しくありません。

Google Cloud では、データ主権を実現するため、多くのサービスで、データを配置するリージョンを明示的に選択することができます。また、Google が勝手にデータにアクセスできないようにするための仕組みが、数多く実装されています。

7.2 Google Cloudのセキュリティとコンプライアンス

　情報セキュリティを確保するために、Google Cloud では多くのセキュリティ関連ソリューションが提供されています。ソリューション名とあわせて、ユースケースを理解しましょう。

Google Cloud の認証、認可

▶ Google Workspace と Cloud Identity

　前節で学んだように、認証とは、システムやデータの利用者が、利用を許可された本人であるかどうかを確かめることを指します。認証を行うには、システムの利用者を事前に**アカウント**としてシステムに登録しておく必要があります。Google Cloud の管理者用のアカウントは、Google Workspace もしくは Cloud Identity で管理されます。

　Google Workspace は、Google が提供するクラウド型のコラボレーションツールであり、SaaS 形式で提供されるサービスです。Gmail、Google ドキュメント、Google スプレッドシート、Google スライド、Google カレンダー、Google ドライブ、Google Meet、Google Chat など、多数のアプリケーションで構成されています。Google Workspace のアプリケーションは、すべてブラウザ上で操作する Web アプリケーションであり、各種ファイルは複数人数でのリアルタイムの共同編集が可能です。Microsoft 製品を使わずに、Google Workspace だけで会社の事務的業務を完結させることもできます。実際、筆者の所属する G-gen 社では、Microsoft Office 製品やファイルサーバーを一切使わず、Google Workspace で業務が完結しています。Google Workspace では、利用者 1 人につき 1 つの **Google アカウント**を発行します。

　Google Cloud では、この Google アカウントを Web コンソールなどへのログイン用アカウントとして使います。Google アカウントに対して、**Cloud IAM**（後述）によって権限を付与することで、その Google アカウントで Compute Engine VM を起動したり、Cloud Storage へデータをアップロードまたはダウンロードしたりします。

　Cloud Identity は、Google Workspace から Gmail や Google ドキュメントなどのオフィス系機能を除いた、アカウント管理専用のサービスだと思ってください。Cloud Identity には無料の Free Edition と有償の Premium Edition があり、高度な

管理機能が必要なければ、Free Edition で 50 アカウントまでを管理できます。高度な管理機能を使ったり、51 アカウント以上を作成する必要がある場合は、Premium Edition へのアップグレードを検討します。

　Google Cloud を利用するには Google アカウントが必須です。管理者数が少なければ、Cloud Identity Free Edition で Google Cloud を利用できますし、すでに自社で Google Workspace を利用しているなら、そのアカウントで利用することができます。

　Google Workspace と Cloud Identity では、**Google グループ**を作成できます。これは複数の Google アカウントをグルーピングする管理単位です。例えば、情報システム部門には「情報システム部門グループ」を、事業部門 A の開発チームには「事業部門 A 開発グループ」を作り、それぞれのグループにアカウントを所属させ、**グループに対して IAM 権限を付与**することができます（IAM 権限の詳細や、グループに対して権限を付与するという考え方については後述します）。

　図 7-2-1 は、Google Workspace でグループやアカウントを管理するイメージ図です。この図では Google Workspace と記載されていますが、Cloud Identity でも同様です。

図 7-2-1　Google Workspace によるグループとアカウントの管理

　Google アカウントや Google グループは、〜@example.com のようにメールアドレス形式で名称が付けられます。@（アットマーク）以降のドメイン名は、Google Workspace や Cloud Identity の利用を開始するときに決定します。

▶ Cloud IAM

　Google Workspace（または Cloud Identity）とあわせて Google Cloud の認証、認可を実現するための機能が **Cloud IAM**（Cloud Identity and Access Management）

です。本章では、これ以降、単に「**IAM**」と表記します。IAM は日本ではアイアムと発音されることが多く、英語圏ではアイ・エー・エムと発音されることが多いです。

Cloud IAM

- Google Cloud の認証、認可のための仕組み
- Google アカウントや Google グループについて「誰が」「何に対して」「何をできるか」を定義
- 定義は「IAM ポリシー」と呼ばれる

図 7-2-2　Cloud IAM

　Compute Engine VM や Cloud Storage バケットなどの各リソースは、**IAM ポリシー**という設定を持っています。IAM ポリシーには、そのリソースに対して「誰が」「何を」できるのかが記述されています（これに加えて「どのような条件下で」という情報も書かれているのですが、本書では説明を簡潔にするため割愛します）。試験では、IAM ポリシーのことを**アクセスポリシー**と表記する場合もあります。

　以下の図 7-2-3 に例を示します。この図は、ec-item-images という Cloud Storage バケットと、その IAM ポリシーを示しています。このバケットは、EC サイトの画像データを保存する目的のバケットです。IAM ポリシーには、このバケットに対して「誰が」「何を」できるかという IAM 権限が定義されています。

Cloud Storage バケット
名称：ec-item-images

ファイル　ファイル　ファイル
ファイル　ファイル　ファイル

IAM ポリシー

誰が：suzuki@example.com さんが
何を：読み取り・書き込みを

誰が：sales@example.com グループが
何を：読み取りを

誰が：web-dev@example.com グループが
何を：読み取り・書き込みを

図 7-2-3　IAM ポリシー

　このIAMポリシーでは、「suzuki@example.com」さんという管理者が読み取り・書き込み権限を持っています。また、「sales@example.com」という営業部門のGoogleグループが読み取り権限だけを持っています。さらに、「web-dev@example.com」という開発チームのGoogleグループが読み取り・書き込み権限を持っています。

▶ 組織、フォルダ、プロジェクト

　IAMには**継承**の概念があります。継承の概念を把握するには、まず、Google Cloudの組織、フォルダ、およびプロジェクトの概念や、リソースの親子関係について理解する必要があります。図7-2-4をご覧ください。

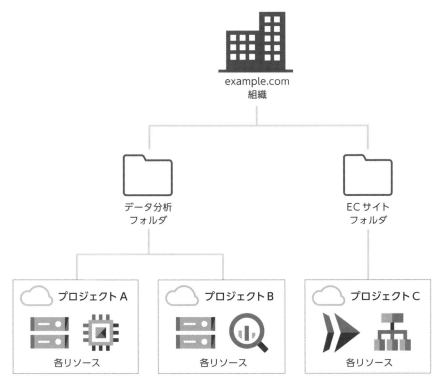

図 7-2-4　組織、フォルダ、プロジェクト

　Google Cloudには、**組織**、**フォルダ**、**プロジェクト**という管理単位があります。
　プロジェクトはリソースを収容する「テナント」のイメージであり、Cloud Storage バケットや Compute Engine VM を格納する、Google Cloud リソースの最も基本的な管理単位です。Cloud Storage バケットや Compute Engine VM など、ほとんど

のリソースは 1 つのプロジェクトに所属します（一部のリソースは組織やフォルダ
に所属します）。

　そのプロジェクトをグルーピングする単位が**フォルダ**です。フォルダの中には複
数のプロジェクトを入れることができます。フォルダを別のフォルダの中に入れて、
入れ子にすることも可能です。

　そしてフォルダは、**組織**の配下に入っています。組織は最も大きい管理単位であ
り、Google Workspace や Cloud Identity のドメインごとに存在します。例えば、あ
なたの会社が Google Workspace を契約しており、@example.com というドメインの
Gmail を使っているとすると、example.com という名称の Google Cloud 組織が存在
することになります。

　なお、本書では、これまで Compute Engine VM などを Google Cloud リソースと
呼んでいましたが、組織、フォルダ、プロジェクトも Google Cloud リソースであり、
IAM ポリシーを持っています。つまり、組織やフォルダ、プロジェクト自体に権限
を付与するといったことが可能です。

　組織の下にフォルダがあり、その中にプロジェクトがあり、さらに、その中に
Compute Engine VM などのリソースがあるといった構造のことを**親子関係**もしく
は**階層構造**といいます。また、あるプロジェクトが、あるフォルダの中に存在する
場合、そのフォルダは**親リソース**であり、プロジェクトは**子リソース**と呼ばれます。

▶ IAM 権限の継承

　IAM 権限の継承は、親子関係にもとづきます。次ページの図7-2-5 は、フォルダのIAM
ポリシーに権限を定義したことを表しています。データ分析フォルダには marketing@
example.com グループが読み取り・書き込み権限を持っており、同じフォルダに all-
employee@example.com グループが読み取り権限のみを持っています。一方, EC サ
イトフォルダには、web-dev@example.com グループが読み取り・書き込み権限を
持っています。

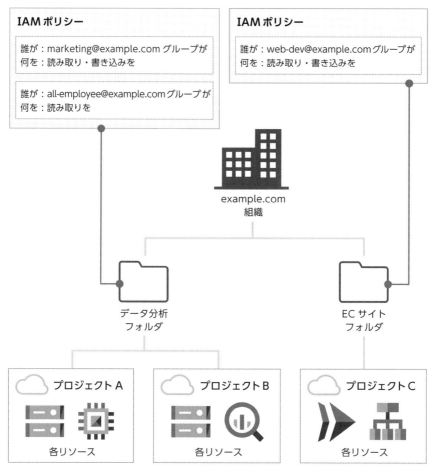

図 7-2-5　フォルダへの権限の付与

　図 7-2-5 のように、フォルダの IAM ポリシーに権限を付与したときに起こるのが
IAM 権限の継承（伝播）です。フォルダに付けた権限は、そのフォルダの配下にあ
るプロジェクトや、そのプロジェクトの中にある Cloud Storage バケット、Compute
Engine VM、BigQuery テーブルなどの**子リソースに継承**されます。また、組織のトッ
プノード（最上位層。図 7-2-5 で「example.com 組織」と表記されている部分）にも
IAM ポリシーを定義でき、その場合は組織配下の全リソースに権限が適用されます。
　この継承の仕組みをうまく使えば、いちいち各リソースに IAM 権限を与えなくて
も、親リソースにだけ権限を付与し、それを継承させることで、まとめて権限管理
ができます。その分、権限管理は大まかになりますが、運用工数が少なくなるので

権限運用が適切に行われ、結果として環境は安全になります。

　継承の仕組みをうまく使って権限管理を簡略化することは、Google Cloud が提唱するベストプラクティスです。最小権限の原則に従うと、より細かく最下層のリソースの単位で権限管理をするのがベストと思うかもしれませんが、複雑すぎる運用ルールは次第に無視されるようになり、形骸化してしまうため、逆にセキュリティを低下させます。このように運用性とセキュリティはトレードオフの関係にあり、うまくバランスをとって運用を行う必要があります。

POINT!

試験では、継承の概念を理解しているかが問われます。「フォルダにポリシーを付与すると、そのフォルダ配下のフォルダ、プロジェクト、リソースに権限が**継承（伝播）される**」ということと、継承によってアクセス権限管理が簡略化されることが**組織の階層構造のメリットである**ことを押さえてください。

7

▶ IAM 権限はできるだけグループに付与する

　IAM 権限はできるだけ個人の Google アカウントには付与せず、**Google グループ**に付与することが、Google の推奨するベストプラクティスです。

　例えば、営業担当の tanaka@example.com さんや kato@example.com さんに権限を付与してしまうと、部署異動があった際などに頻繁に権限を修正しなくてはいけません。また、権限を付与したリソースが大量にあると、IAM ポリシーに対して権限の修正を行う作業が、管理者にとって大きな負担になります。これにより運用工数が増加し、抜け漏れが発生する可能性も高まり、セキュリティが低下します。

　Google グループに権限を付与しておけば、Google グループに Google アカウントを入れたり出したりするだけで済みます。Google アカウントが Google グループから抜ければ、そのグループ経由で付与されていた権限は剥奪されます。また、Google アカウントが新しい Google グループに所属すれば、その Google グループに付与された権限が適用されます。

POINT!

会社の従業員に IAM を使って権限を付与するようなシチュエーションが出題された場合、まず、同じ権限を与えたい従業員の Google アカウントを1つの Google グループにまとめ、そのグループに対して権限を付与するような選択肢を選びましょう。

さまざまなセキュリティソリューション

▶ DDoS 対策

　前節で、DDoS 攻撃とは、意図的にシステムに大量のアクセスを仕掛けてシステム
の負荷を上昇させ、利用不可にしてしまう攻撃手法であることと、クラウド提供事
業者が提供する WAF は DDoS 攻撃対策ができる場合があることを学びました。

　Google Cloud では **Google Cloud Armor** というクラウド型 WAF が利用できます。
Google Cloud Armor は、アプリケーションレベルの攻撃だけでなく、DDoS 攻撃を
防ぐ効果もあります。

Google Cloud Armor
- Google Cloud が提供するクラウド型 WAF
- アプリケーションレイヤの攻撃を防ぐ
- DDoS 攻撃対策が可能

図 7-2-6　Google Cloud Armor

▶ 暗号化

　Google Cloud に保存されるデータは、デフォルトで暗号化されています。ユーザー
が何も設定していなくても、データの保管に使われるストレージは**自動的に暗号化**
されます。また、Google Cloud の内部を通る通信中のデータも同様に、自動的に暗
号化されます。暗号化に使われる暗号鍵は Google Cloud によって厳密に管理されて
いるため、Google の従業員であっても容易にアクセスすることはできません。

　そのため、仮に Google Cloud のデータセンターを運用している従業員が、悪意を
持って物理的にストレージ機器を窃取したとしても、データは暗号化されているた
め、ユーザーのデータは保護されます。

▶ ゼロトラストセキュリティ

　Google Cloud には、ゼロトラストセキュリティのソリューションとして **BeyondCorp
Enterprise** があります。試験で詳細が問われることはありませんが、ソリューション
名を覚えておいてください。

▶ コンプライアンスレポート

Google Cloud は、多くの**第 3 者認証**を取得しています。Google Cloud が取得した
コンプライアンスレポートは、**Compliance Reports Manager** という仕組みで一般
公開されています。Compliance Reports Manager では、目的のレポートを検索して
ダウンロードすることができます。

▶ セキュリティ管理

Google Cloud には、環境のセキュリティ管理ツールとして **Security Command
Center** があります。Security Command Center は、Google Cloud 環境を横断的に
チェックし、セキュリティ観点で危険な設定を自動で検知して可視化します。クラ
ウド管理者は、Security Command Center を定期的にチェックし、適切な対処を実
施することで、セキュリティを向上させることができます。

図 7-2-7　Security Command Center

章末問題

DDoS 攻撃について正しく述べているものはどれですか。

A. 大量の ID とパスワードのセットを使い、不正ログインを試みる攻撃手法

B. Web サイトへのリクエスト URL にスクリプトを仕込み、不正なプログラムを実行する攻撃手法

C. 意図的にシステムに大量のアクセスを仕掛け、システムの負荷を上昇させる攻撃手法

D. E メールで不正なプログラムを送付するなど、特定の個人を標的とした攻撃手法

IaaS の責任共有モデルについて述べた次の記述のうち、正しいものはどれですか。(2つ選択)

A. ハードウェアの更新やセキュリティは、Google Cloud の責任である

B. ハードウェアのファームウェアのアップデートは、ユーザーの責任である

C. アプリケーションのセキュリティは、Google Cloud の責任である

D. アプリケーションの脆弱性の対策は、ユーザーの責任である

E. サービスを組み合わせたインフラアーキテクチャの設計は、Google Cloud の責任である

会社のセキュリティルールに従い、いつ、誰が、何にアクセスしたかという記録を残す必要があります。このプロセスについて正しく述べているものはどれですか。

A. 認証

B. 認可

C. 監査 (アカウンティング)

D. レポーティング

問題 4

認証されたシステム利用者に対して、事前の設定にもとづいて適切なシステム利用権限を付与し、操作の可否を決定するプロセスはどれですか。

A. 認証

B. 認可

C. 監査 (アカウンティング)

D. レポーティング

問題 5

ファイアウォールについて正しく述べているものはどれですか。

A. ネットワークに入るトラフィックや、ネットワークから出ていくトラフィックを監視し、宛先 IP アドレスなどにもとづいて通信を制御するツール

B. パソコン上で起動し、コンピュータウイルスなどのマルウェアを検知すると、隔離・削除するプログラム

C. ネットワークへアクセスしようとしている人が正当な権限を持つ従業員であることを確認し、確認できた場合にのみ通信を許可するツール

D. 組織のネットワークと従業員の自宅などを仮想的なネットワークで接続し、セキュアな通信を実現するツール

問題 6

データの暗号化について正しく述べているものはどれですか。

A. 論理的な鍵を用いてデータを暗号化すること。どんな場合でも、データが漏洩することはない

B. 論理的な鍵を用いてデータを暗号化すること。適切な鍵を利用すれば、データを復号できる

C. プログラムがランダムにデータを加工し、難読化すること。一度データを難読化すると、二度と復号することはできない

D. プログラムがランダムにデータを加工し、難読化すること。誰でもデータを復号することができる

問題 7

ゼロトラストセキュリティについて正しく述べているものはどれですか。

A. VPN に接続している端末だけを信頼する

B. すべてのアイデンティティ（ID）や端末を認証の対象とする

C. 事前に登録された端末だけを信頼する

D. 事前に登録されたアイデンティティ（ID）だけを信頼する

問題 8

あなたの Google Cloud 組織では、部署ごとにフォルダを作成しており、フォルダの中には複数のプロジェクトを配置しています。組織のトップノードに IAM ポリシーを設定すると、どうなりますか。

A. IAM ポリシーが適用されないため、意味がない

B. IAM ポリシーが組織配下のすべてのフォルダに適用されるが、フォルダの配下のプロジェクトやリソースには伝播しない

C. IAM ポリシーが組織配下のすべてのフォルダに適用され、配下のプロジェクトにも伝播するが、プロジェクト配下のリソースには伝播しない

D. IAM ポリシーが組織配下のすべてのフォルダ、その配下のプロジェクト、およびそれらのプロジェクト配下のリソースに伝播する

問題 9

Google Cloud 組織の管理について、ベストプラクティスはどれですか。

A. 利用者 1 人につき、1 つの Google Cloud プロジェクトを作成する

B. できるだけ単一のプロジェクトで Google Cloud を運用する。リソースごとに、きめ細かい IAM 権限設定を行う

C. 組織の配下に、権限の管理単位ごとにプロジェクトを作成する。プロジェクトごとに IAM 権限を設定する

D. 権限の管理単位ごとにフォルダを分け、フォルダの中にプロジェクトを配置する。フォルダに対して、IAM 権限を設定する

問題 10

Google Cloud Armor について正しく述べているものはどれですか。

A. Google Cloud が提供する、クラウド型のファイアウォールである

B. Google Cloud が提供する、クラウド型のWeb Application Firewallである

C. Google Cloud が提供する、クラウド型の脆弱性診断ツールである

D. Google Cloud が提供する、クラウド型のセキュア OS である

7

解答と解説

問題 1 [答] C

　DDoS 攻撃について述べているのは C です。類似の攻撃手法として、DoS 攻撃があります。DoS 攻撃は、単一のコンピュータを利用して攻撃する手法です。一方、DDoS 攻撃は、複数のコンピュータを攻撃に利用するため、より大規模になります。A はブルートフォース攻撃、B はコマンドインジェクションなど、D は標的型攻撃についての説明です。

問題 2 [答] A、D

　責任共有モデルに従い、クラウドサービスにおいては、ハードウェアの更新やセキュリティはクラウド提供事業者の責任です。その一方で、IaaS や PaaS において、アプリケーションの脆弱性の対策はユーザーの責任です。なお、SaaS の場合は、アプリケーションの脆弱性はクラウド提供事業者が責任を持ちます。

問題 3 [答] C

　認証、認可、監査（アカウンティング）の 3 要素のうち、問題文に合致するのは監査（アカウンティング）です。

問題 4 [答] B

　認証、認可、監査（アカウンティング）の 3 要素のうち、問題文に合致するのは認可です。認証と認可は、文字面はよく似ていますが、認証が「システム利用者が本人であるかを確認するプロセス」であるのに対し、認可は「システム利用権限を付与し、操作の可否を決定するプロセス」であり、意味が異なります。

問題 5 [答] A

　ファイアウォールについて述べているのは A です。ファイアウォール製品によっては C や D の機能を搭載しているものもありますが、あくまでファイアウォールとは、出入りするトラフィックの宛先・送信元 IP アドレスやポート番号にもとづいて通信を許可または拒否するセキュリティツールを指します。なお、B はアンチマルウェアソフト、C はユーザー認証機能付きプロキシまたは Identity-Aware Proxy など、D は VPN のことを指しています。

問題 6 [答] B

データの暗号化について正しく述べているのは B です。データを暗号化すれば、ストレージ機器が窃取されてもデータは保護されます。ただし、復号のための鍵も同時に漏洩すると、データは復号されてしまいます。

問題 7 [答] B

ゼロトラストセキュリティは従来の境界型セキュリティとは異なり、すべてのアイデンティティや端末をいったん疑います。そして、認証と認可のプロセスを経たアイデンティティや端末だけにアクセスを許します。

問題 8 [答] D

組織のトップノード（最上位）に IAM ポリシー（アクセスポリシー）を設定すると、その権限設定は配下のフォルダ、プロジェクト、そのプロジェクトの中のすべてのリソースに伝播します。このように親リソースから子リソースにポリシーが伝播することを「継承」と呼び、うまく使うことで運用を簡素化できるため、セキュリティが向上します。

問題 9 [答] D

問題 8 と同様です。継承を適切に利用することで、運用を簡素化できます。

問題 10 [答] B

正しいのは B です。A のファイアウォールと B の Web Application Firewall（WAF）は名称が似ていますが、異なるものです。Google Cloud Armor はクラウド型の WAF であり、アプリケーションレイヤの攻撃への対策だけでなく、DDoS 攻撃への防御にもなります。

第 8 章

Google Cloud 運用での スケーリング

「Google Cloud 運用でのスケーリング」というセクションでは、Google Cloud を運用するにあたって重要な知識が問われます。Google の提唱する SRE という考え方に加え、コスト管理や、サステナビリティも範囲に含まれます。

8.1 Google Cloud の 運用と SRE

　試験では、Google Cloud の運用について理解しているかどうかが問われます。一般的な IT 運用を理解するとともに、Google 特有の「SRE」という考え方を大まかに把握する必要があります。

基本的な考え方

▶ IT における運用

　図 8-1-1 は、3.4 節 P.55 に掲載した図を加工したものです。システム開発における**運用**は、図の右から 2 番目にあたります。システムの開発が終わって、実際に利用が行われている段階です。システムの一般ユーザーにとってはシステムの恩恵を実際に受けている時期であり、管理者にとってはシステムが日々、問題なく動くように管理する時期にあたります。

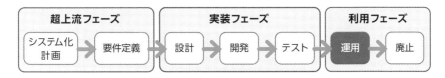

図 8-1-1　運用フェーズの位置づけ

　システム開発を花形と考えるシステムエンジニアが特に誤解しやすいのですが、システムのライフサイクル（システムが生まれてから廃止されるまでの一連の流れ）の中で最も重要なのは、運用フェーズです。なぜなら、運用フェーズは、システムのライフサイクルの中で期間が最も長いからです。例えば、システム開発に 1 年かかったとしても、そのシステムは一般的に 5 年程度か、それよりも長い期間利用されます。

　経験の浅いシステムエンジニアは、運用を軽視してしまうことがあります。なぜなら、システムを実装する作業は楽しく、実装が終わると達成感とともに「仕事が終わった」という錯覚を覚えるからです。また、特に SIer では、システムを実装し終わると顧客に引き渡し、運用は別のチームが行うというケースが多いことも理由

の1つです。しかし、「システムは開発したら終わり」というのは誤りです。システムは運用に入ってからが本番です。

▶ システム運用で行う作業

システム運用には、以下のような作業が含まれます。

- ヘルプデスク (ユーザーへのサポート提供)
- パフォーマンス監視、障害監視
- 障害対応
- 新機能の開発とリリース
- バグの修正
- OS やソフトウェアへのパッチ適用とバージョンアップ
- 監査対応
- ログの整理・保管
- アカウント管理、権限管理

これでもまだ一部です。運用フェーズでは、非常に多くの作業が発生するため、超上流フェーズや実装フェーズにおいて、綿密な運用設計が必要です。運用設計を適切に行うことで、前述のような運用作業が適切に行われ、システムは安定して稼働することができます。

▶ クラウドにおける運用

システムは運用に入ってからが本番という考え方は、クラウドでも同様です。基本的な考え方もオンプレミスと変わりません。しかしながら、いくつかのクラウド特有の考え方を押さえておく必要があります。試験では、**SRE**、**割り当て** (クォータ) 管理、**Google Cloud カスタマーケア**、**サステナビリティ**といったキーワードが出題されます。

Site Reliability Engineering (SRE)

▶ SRE

Site Reliability Engineering (サイトリライアビリティエンジニアリング)、略して **SRE** は、Google が提唱する新しい運用の考え方です。SRE とは、システムの信

頼性を維持するために、エンジニアリング力を駆使し、観測値にもとづいた合理的なシステム運用を行う考え方です。Google が発表して以来、SRE の考え方は多くの IT 関係者に影響を与えてきました。試験では、SRE に対する基本的な理解と、SRE がビジネスにどのような影響を与えるのかが問われます。

　SRE は「サイト信頼性エンジニアリング」とも訳されますが、日本でも通常はアルファベットで SRE（エスアールイー）と呼ばれます。これは、システムを高い信頼性で稼働させ続けるための「職務機能」「マインドセット」「エンジニアリング手法」のセットであると定義されています。

【参考】サイト信頼性エンジニアリング（SRE）- Google Cloud
　　　　https://cloud.google.com/sre?hl=ja

　通常、スピード感を持って機能を開発しデプロイ（アプリケーションを稼働環境に展開して使える状態にすること。詳細は後述）することと、信頼性（システムが不具合なく期待した機能を提供し続けること）はトレードオフの関係にあります。機能開発のスピードを上げれば、その分バグが増えるからです。SRE は、このバランスをとることを目的としています。

　SRE は多くの要素で構成されていますが、本項では、試験で重要な以下のキーワードに絞って解説します。

- SLI、SLO
- SLA
- エラーバジェット
- 段階的な変更

▶ SLI、SLO

　SLI（Service Level Indicator）は、提供するサービスの正常性やパフォーマンスを測定する指標です。具体的には、全レスポンス数に対する正常なレスポンスの割合を示す「可用性 SLI」や、リクエストに対するレスポンスのレイテンシ（結果が返ってくるまでどのくらい時間がかかったか）が所定のしきい値を下回った割合を示す「レイテンシ SLI」があります。これらを適切に計測することで、システムが想定したとおりのパフォーマンスで稼働しているかどうかを確認できます。

　SLO（Service Level Objective）は、SLI に対する目標設定です。SLO では、特

定の期間内で SLI が特定の目標値の範囲内に収まることを目標として定めます。例えば、「1 年間の可用性が 99% であること（可用性 SLI に対する SLO）」「1 日の中で 300 ミリ秒を超えるリクエストが 5% 以内であること（レイテンシ SLI に対する SLO）」などです。

身近な例でいうと、体重が SLI で、「1 か月のうち体重 80kg を超える日は 3 日以内にしよう」といった目標が SLO です。

なお、SRE で特徴的なのが「**可用性 100% はあり得ない**」という考えです。また、100% の可用性を前提とする SLO や SLA（後述）を設定してはいけません。これは、後述のエラーバジェットの考え方と密接に関係しています。

▶ SLA

SLI や SLO と似た言葉に **SLA**（Service Level Agreement）があります。SLA は可用性などの目標値ですが、目標を達成できなかった場合の金銭的な保証などがあります。SLO では、そのような保証は定義されません。

なお、Google Cloud サービスの可用性には SLA が定義されていることがあります。所定の条件を満たしたうえで SLA を下回ったとき、私たちユーザーはクレジット（Google Cloud の利用料支払いに使えるクーポン）を受け取ることができます。

可用性 SLA はパーセンテージ（%）で表されます。参考までに、可用性 SLA の代表的な数値と、それぞれ 1 年間にどのくらいの停止を許容するのかを以下に示します。

- 99.5%　　：年間 43.8 時間停止
- 99.9%　　：年間 8.76 時間停止
- 99.99%　：年間 52.56 分停止
- 99.999%：年間 5.256 分停止

POINT!

試験中は計算用の紙やペンが配られないため、上記のような代表的な値は、試験直前に覚えましょう。小数点以下まで暗記する必要はありませんが、例えば「99.999% の SLA は、1 年間で約 5 分の停止が認められている」程度までは覚えておくとよいでしょう。

SLI
(Service Level Indicator)

例 可用性SLI　　：正常なレスポンスの割合
レイテンシSLI：期待どおりのレイテンシの割合

SLO
(Service Level Objective)

SLIに対する目標値

SLA
(Service Level Agreement)

SLIに対する目標値で、保証があるもの

図 8-1-2　SLI、SLO、SLA

▶ エラーバジェット

　エラーバジェット（error budget）の概念も重要です。エラーバジェットはその名のとおり、どのくらいエラー（障害）を起こしてもよいかを示した予算です。計算方法は「1.0 − SLO」です。例えば、あるシステムの可用性 SLO が「1 か月間の可用性が 99.9%」だとすると、エラーバジェットは「1 か月間で 0.1%」です。この範囲内であれば障害が起きても許容されるということになります。

　なお、先ほど「**可用性 100% はあり得ない**（そういう SLO、SLA は設定してはいけない）」と述べました。これは、「エラーバジェットが 0% より大きい」ことを意味します。システムの可用性 100% は、事実上不可能な目標です。もし 100% を目標に設定してしまうと、実現不可能な目標に対して無駄に人的、金銭的コストをかけ続けることになります。また、スピード感を持って新機能を開発するにあたっては、バグや障害がつきものです。もしエラーバジェットが 0% であれば、開発者はエラーをおそれて、新機能のリリースは不可能になります。そのため、あえてエラーバジェットを設定し、**信頼性と変革のバランス**を実現しようとしているのです。

　そして、開発チームはエラーバジェットの使い道を**自分で決めてよい**ことになっています。これにより、チームは新しい機能開発や運用手法の実践といったことにチャレンジできるようになります。

　逆にいうと、エラーバジェットがまったく使われていない状況は不自然です。それはチームが挑戦をしていないことを意味しており、エラーバジェットが潤沢に余っているのはよいことではありません。そのような状況では、SLO や SLA の設定が誤っている可能性が高いです。

POINT!

信頼性と可用性という言葉は似ています。信頼性は「障害の起きにくい性質」を意味しており、可用性は「システムが稼働し続ける性質」を意味しています。詳細な定義は試験で問われませんが、どちらの用語も、ユーザーがシステムを使い続けるために重要であり、SRE はこれら両方を高めることを目的としています。

▶ 段階的な変更

段階的な変更とは、SRE でベストプラクティスとされる、デプロイに対する考え方です。

従来型のデプロイでは、アプリケーションを変更（機能の修正や追加、廃止）すると、アプリケーションのすべてのユーザーに変更が一度に適用されます。もしバグが混入していたり、ユーザーに不都合な事象が起きたりした場合、多くのユーザーに影響が及びます。一方、段階的な変更では、まず一部のユーザーにのみ機能の変更を適用します。例えば、アクセスしてきたユーザーの 10% にだけ新機能を公開し、しばらく様子を見て問題がなければ、徐々にパーセンテージを上げていき、最終的には 100% のユーザーに変更が適用されます。

▶ 4 つのゴールデンシグナル

4 つのゴールデンシグナルとは、SRE において、システムが健全な状態であることを示す基準であり、以下の 4 つを指します。

- レイテンシ
- トラフィック
- エラー
- サチュレーション

レイテンシとは、リクエストの処理にかかる時間のことです。レイテンシが大きくなっていると、システムに何らかの異常が起きており、想定したパフォーマンスが出ていないことがわかります。

トラフィックとは、所定の時間の中でシステムに与えられた負荷のことです。トラフィックを監視することで、システムに対する需要の変化を把握することができます。

エラーとは、その名のとおり、エラーの発生率を指します。エラー率の向上は、システムのどこかに異常が起きていることを意味します。

サチュレーション（saturation、飽和度）とは、システムの全体的なキャパシティのことです。キャパシティにどれくらいの余裕があるか、またどのような場合にピークに達するかを把握することは重要です。なお、IT の現場では、CPU 使用率などが 100％に達して上限に張り付いてしまうことを「サチる」ということがありますが、これはサチュレーションから来た言葉です。

▶ DevOps

DevOps は、開発を意味する Dev（Development）と運用を意味する Ops（Operations）を組み合わせた造語です。これは Google が作った言葉ではなく、システム開発の世界で広く使われています。2010 年代以降にクラウドが一般化することで、システム機能開発のスピードが上がり、その頃から DevOps の考え方も広まりました。DevOps は、「**開発チームと運用チームが綿密に連携してリリースの速度を上げていこう**」という考え方です。従来型の運用のあり方を見直すことでスピードを向上させるという意味では、先述した SRE に似ています。

Google は、「Class SRE implements DevOps」というメッセージを発しています。これは、「SRE は DevOps を体現したものである」という趣旨の文です。DevOps という抽象的な概念を、より具体的な枠組みとして落とし込んだものが SRE なのです。

システム開発者と運用者は通常、別々のチームに所属し、開発者は「早く機能を開発してリリースしたい」と考える一方で、運用者は「障害を起こさず、安定してシステムを運用したい」と考えます。この 2 つのモチベーションは相反するものです。機能開発のスピードを上げれば、バグが混入する可能性が高くなり、その分システムが不安定になるからです。そのため従来は、開発者と運用者の対立構造が生じていました。DevOps はこれを見直し、開発者と運用者の関係性を**文化**、**体制**、**ツールの面で**改善することで開発スピードを向上させようというアプローチです。

DevOps が普及する中で一時的に広まった誤解が、「デプロイを自動化するツールを入れることが DevOps である」というものです。これは誤りです。DevOps は、開発チームと運用チームの関係性を見直してシステムのライフサイクルに対する考え方を新しくしようという、組織面、文化面の変化が中核にあります。

DevOps については、次のようなキーワードを押さえてください。

- 開発チームと運用チームの建設的な協力
- 「失敗を責めない」文化
- ビルドとデプロイの自動化
- 開発スピードの向上

割り当て（クォータ）管理

　割り当て（クォータ）の管理は、クラウドにおける運用に特有の概念です。クラウドサービスは一般的に、多くのユーザーが共通のクラウドリソースを利用する「マルチテナント」であるため、一部のユーザーのワークロード（利用量）が他のユーザーに影響しないよう、利用ボリュームの上限が割り当てられています。例えば、あるクラウドのユーザーがシステムに対して負荷試験（意図的にシステムに対して大量のアクセスを実行して、システムが負荷に耐えられるかを確かめる試験）を行った結果、Google のデータセンターの負荷が上がり、他のユーザーのシステムに影響が出てしまう、といったことは避けなくてはいけません。これを防ぐため、利用ボリュームの上限として割り当てが設定されています。例として Compute Engine では、リージョンごとに使用可能な CPU コア数に制限がかけられています。

　クラウドでシステムを運用するうえでは、現在利用しているリソース量が割り当てに抵触しないか、定期的に確認する必要があります。リソースの使用量が割り当ての上限に近づいた場合、Google に申請することで、割り当てを増やすことができます（一部、変更できない割り当てもあります）。また、割り当ての種類によっては、利用状況に応じて自動的に上限が緩和されるものもあります。

　試験のために押さえるべきことは、「クラウドサービスには割り当てが存在する」「割り当てに抵触しないかを定期的に確認し、必要に応じて増量リクエストを行う」という点です。

Google Cloud カスタマーケア

　Google Cloud カスタマーケアは、Google Cloud により提供される技術サポート窓口サービスです。選択するプランによりサポートのレベルが異なります。次ページの表 8-1-1 に、プランごとの重要な差異を示します。

表 8-1-1　Google Cloud カスタマーケアのプラン

プラン名	料金	サポート内容	対応時間	初回応答時間	Technical Account Manager (TAM)
ベーシックサポート	無償	利用料金に関する問い合わせのみ	平日日中帯のみ	保証なし	なし
スタンダードサポート	有償	技術サポート (英語のみ)	平日日中帯のみ	4 時間	なし
エンハンストサポート	有償	技術サポート (日本語を含む複数言語)	24 時間、365 日	1 時間	なし
プレミアムサポート	有償	技術サポートに加え、TAM による個別対応	24 時間、365 日	15 分	あり

　すべての Google Cloud ユーザーには無償のベーシックサポートが提供されますが、ベーシックサポートが対応するのは、利用料金に関する問い合わせだけです。技術的な問い合わせを行うには、スタンダードサポート以上の有償プランを契約する必要があります。

　初回応答時間は、サポート窓口へ問い合わせた際に、初回の応答があるまでのタイムラグを意味します。問い合わせ時に指定した緊急度によっても異なりますが、最上位プランであるプレミアムサポートでは、最も高い緊急度である P1 を指定した際に、15 分以内の初回応答を約束しています。

　Technical Account Manager（TAM）とは、Google Cloud によりアサインされるアドバイザーを指します。自社の Google Cloud 環境に対して技術的な助言を行ったり、アセスメントを行う専任エンジニアがアサインされます。

POINT!

カスタマーケアの有償プランは、「スタンダードサポート」＜「エンハンストサポート」＜「プレミアムサポート」の順に高価になります。最もリッチなプランであるプレミアムサポートでは、**最速の応答時間が保証**されることと、**Technical Account Manager**（TAM）がアサインされることを覚えておきましょう。

▶ サステナビリティ

サステナビリティとは、持続可能性を意味します。企業は、未来の地球環境や経済、人間の健康などに配慮した活動をすべきという考え方にもとづいた取り組みのことです。Google はサステナビリティに取り組んでいることを表明しています。

Google Cloud は、各リージョンのデータセンターがどのくらいカーボンフリーなエネルギーを利用しているかを公開しています。カーボンフリーなエネルギーとは、水力発電や風力発電など、二酸化炭素を排出しない方法で生産された電力のことです。

また、Carbon Footprint というツールでは、自社の Google Cloud がどのくらいの二酸化炭素を排出しているかのレポートを閲覧することができます。

【参考】Carbon free energy for Google Cloud regions - Google Cloud
　　　　https://cloud.google.com/sustainability/region-carbon

8.2 クラウドのコスト管理

　クラウドには従量課金という特徴があるため、コスト管理は運用上の重要項目です。クラウドのコスト管理の特徴と、ベストプラクティスを学びましょう。

クラウドのコスト管理

▶ 基本的な考え方

　Google Cloud の利用料金は従量課金が原則であり、サービスごとに課金の方式が定められています。例えば、Compute Engine は「VM が起動している時間 × CPU やメモリの時間単価」「ディスクを確保した時間 × ディスクサイズ単価」といった計算で課金が発生します。また、BigQuery は「データをスキャンした量 × 単価」で課金が発生します。請求は原則として月単位で行われ、月末に金額が確定し、翌月の初旬に請求されます。

　例外的に、契約した瞬間に月額または年額の課金が発生する月間サブスクリプションや年間サブスクリプションもあります。

▶ 組織におけるクラウドコスト管理

　オンプレミスでは、IT 機器を資産として購入するうえ、物理的に管理するので、どの部署がどれだけの IT 資産を持っているか、すなわち IT コストの所有者が比較的明確でした。しかし、クラウドでは IT コストは経費となり、物理的に社内に存在しないので、見通しがつきづらくなります。また、料金は固定ではなく、**毎月変動**します。

　さらに、複数の部門でクラウドを利用する場合、各部門が自分の Google Cloud プロジェクトを運用、管理しているため、複数のプロジェクトを横断したコストの集中管理は難しくなります。

　よって、クラウドのコスト管理は**分散管理がベストプラクティス**とされています。Google Cloud を利用する各部署（各個人）が、クラウドの利用料金の管理を自らの責任と捉え、費用を最適化していくことが重要です。

Google Cloud ではシステムの管理単位ごとにプロジェクトを分割し、プロジェクトごとに管理責任者を定め、そのプロジェクトのコスト管理の責任も持たせます。こうすることで、プロジェクトおよびコストの管理責任を複数の部署等に分散させることができます。これは、クラウド環境の運用をスケール（拡大）するためのベストプラクティスです。

Google Cloud の利用料金

▶ 利用料金の見積もり

Google Cloud では、利用料金の見積もりを補助する Web ツールである **Google Cloud Pricing Calculator** が提供されています。利用予定のサービス名と利用ボリュームを入力することで、毎月のクラウド利用料を計算できます。

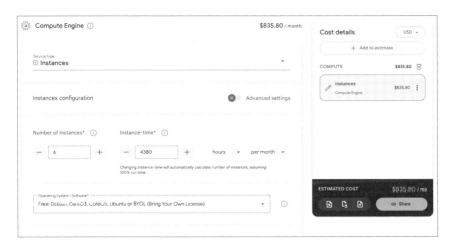

図 8-2-1　Google Cloud Pricing Calculator

▶ 利用料金の可視化

Google Cloud の利用料金は、**請求先アカウント**という管理単位で管理されます。請求書は請求先アカウントごとに発行されます。また、請求書の発行前でも、**Cloud Billing レポート**という画面から現在の課金額をいつでも確認可能です。

Cloud Billing レポートは Google Cloud の Web コンソール画面から閲覧できます。

また、「どの Google Cloud プロジェクトでいくらの費用が発生しているのか」「どの Google Cloud サービスにいくら使われているのか」といった明細を表示することができ、グラフ化も可能です。

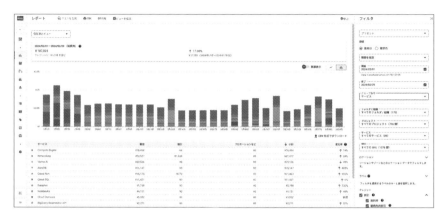

図 8-2-2　Cloud Billing レポート

▶ コスト最適化

　クラウドの**コスト最適化**は、現代の IT の現場でよく聞くキーワードです。クラウドを漫然と利用していると、本来不要な月額利用料金が発生します。特にシステム開発者は、目の前のシステムの機能開発に集中するあまり、全体最適や無駄なリソースの整理などに無頓着になりがちです。

　クラウド環境の運用開始後は、前述の Cloud Billing レポートを使ってコストの可視化を適切に行い、無駄なリソースを削除したり、過剰なスペックの割り当てを小さくしたりすることで、コストを最適化できます。クラウド環境においては、「構築が終わったらあとは触れない、変えない」ではなく、常にコスト最適化を意識して、必要に応じて構成変更を行うことがベストプラクティスです。

　社内で複数のチームが Google Cloud 環境を使っている場合は、以下のようにしてコスト最適化を図ります。

- Cloud Billing レポートの閲覧権限を付与して、各チームが閲覧できるようにする
- 各チームに対し、コストに関する説明責任者の設置を要請する
- 自分たちの環境のコスト最適化を実施してもらう
- 財務部門、ビジネス部門、技術部門の連携を強化する

　実業務では、これらに加えて、情報システム担当の部門、あるいは CCoE（Cloud Center of Excellence の略。会社のクラウド戦略を主導するチーム）のような部門がコスト最適化戦略をリードしたり、適切なアドバイスを与えたりすることもあります。

▶ 予算アラート

　利用料が想定以上に跳ね上がってしまうことを防ぐため、Google Cloud には**予算アラート**（予算しきい値）機能があります。想定する利用料金を事前に**予算**として設定しておき、実際の利用料金がこの金額に近づいたり、超過したりした場合にアラートメールを自動で発信できます。

　例えば 1 か月の利用料金を 100 万円と想定する場合、予算額を 100 万円、予算アラートを 75%、90%、100% と設定することで、想定金額に達する前にたびたびアラートメールを発信することができます。

8

章末問題

問題 1

Service Level Indicator (SLI) について説明しているのはどれですか。

A. 提供するサービスの正常性やパフォーマンスに対する、ユーザーの体験

B. 提供するサービスの正常性やパフォーマンスを測定する指標

C. 提供するサービスの正常性やパフォーマンスを測定する指標に対する目標値

D. 提供するサービスの正常性やパフォーマンスを測定する指標に対する契約上の合意

問題 2

Service Level Objective (SLO) について説明しているのはどれですか。

A. 提供するサービスの正常性やパフォーマンスに対する、ユーザーの体験

B. 提供するサービスの正常性やパフォーマンスを測定する指標

C. 提供するサービスの正常性やパフォーマンスを測定する指標に対する目標値

D. 提供するサービスの正常性やパフォーマンスを測定する指標に対する契約上の合意

問題 3

可用性 SLA が 99.999% の場合、年間でどのくらいの停止が許容されますか。

A. 約 43.8 時間

B. 約 8.7 時間

C. 約 52 分

D. 約 5 分

問題 4

あなたが運用しているシステムにおいて、ユーザーから、「500（Internal Server Error）」という画面が頻繁に表示されるという報告を受けました。SRE の 4 つのゴールデンシグナルにもとづくと、この状況はどのシグナルとして観測されますか。

A. レイテンシ

B. トラフィック

C. エラー

D. サチュレーション

問題 5

大量の VM を運用している Google Cloud 環境において、新しい VM を起動しようとしたところ、割り当て制限に抵触し、VM が起動できませんでした。どのように対処しますか。

A. リージョンのリソース予約を購入する

B. Google Cloud に対して、割り当ての緩和申請を行う

C. VM の単価を 1.5 倍に設定して再度、VM を起動する

D. Google Cloud の物理基盤が拡張されるまで待つ

問題 6

あなたの部署は、間もなく Google Cloud の本番運用を開始するため、Google Cloud の技術的なサポートを得たいと思っています。業務上の重要度が低いサービスのため、サポートからの返答は平日の日中帯にだけ得られればよいと考えています。最もコスト効率のよいカスタマーケアのプランはどれですか。

A. ベーシックサポート

B. スタンダードサポート

C. エンハンストサポート

D. プレミアムサポート

問題 7

クラウドのコストの性質と、コスト管理に関する Google Cloud のベストプラクティスについて、正しく述べているものはどれですか。

- **A.** クラウドのコストは毎月変動する。コストは分散管理することが望ましい
- **B.** クラウドのコストは毎月固定である。コストは分散管理することが望ましい
- **C.** クラウドのコストは毎月変動する。コストは集中管理することが望ましい
- **D.** クラウドのコストは毎月固定である。コストは集中管理することが望ましい

問題 8

Google Cloud の現在の課金額を確認したい場合、どうしますか。

- **A.** Google Cloud の営業担当者に連絡する
- **B.** Google Cloud の利用状況をもとに、Google Cloud Pricing Calculator で計算する
- **C.** Google Cloud の利用状況と公式サイトの単価表にもとづき、スプレッドシートを使って計算する
- **D.** Google Cloud の Web コンソール画面から、Cloud Billing レポートを確認する

問題 9

クラウドの利用料金に関するベストプラクティスについて、正しく述べているものはどれですか。

- **A.** クラウド環境の構成を変えても、利用料金が最適化できる可能性はほとんどないため、構成を変更するべきではない
- **B.** 一度定まったシステムアーキテクチャの構成変更は可用性に影響を与えるので、料金が節約できる可能性があっても、構成を変更するべきではない
- **C.** クラウド環境の運用中は、適切にコスト最適化を検討し、必要に応じて構成変更を行うべきである
- **D.** 企業にとって IT コストは最重要課題であるため、可用性を犠牲にしてでも常に料金が最小になるように設定するべきである

問題 10

　経営陣は、Google Cloud の利用料金が想定以上に発生することを懸念しています。最もコスト効率がよく、すぐに実行できる対策はどれですか。

- **A.** 利用料金が一定額に達したら環境を削除するよう、自動化スクリプトを開発する
- **B.** 予算アラートを設定し、利用料金が毎月の予算の 100% に達したときに、Google Cloud プロジェクトと請求先アカウントの紐付けが外れるように設定する
- **C.** クラウド管理者と定期的に会議を行い、Cloud Billing レポートをチェックする
- **D.** 予算アラートを設定し、利用料金が毎月の予算の 75%、90%、100% に達したときにアラートメールを発報する

解答と解説

問題 1 [答] B

サービスの正常性やパフォーマンスを計測する指標のことを SLI といい、それに対する目標値を SLO と呼びます。また、目標を達成できなかった場合の金銭的な保証がある場合、これは SLA と呼ばれます。

問題 2 [答] C

SLO は、サービスの正常性やパフォーマンスを計測する指標に対する「目標値」です。

問題 3 [答] D

99.999% の可用性は、年間 5.256 分の停止を許容します。1 年間を秒数に直すと、60（秒）×60（分）×24（時間）×365（日）= 31,536,000（秒）であり、その 0.001% は 315.36 秒で、およそ 5 分です。

問題 4 [答] C

500（Internal Server Error）が表示されている画面は、何らかのエラーの発生を示していると考えられます。したがって、処理が失敗する割合を示す「エラー」が適切です。

問題 5 [答] B

割り当て制限に抵触している場合、VM を起動しようとするとエラーメッセージが表示され、処理が失敗します。このように割り当て制限に抵触している場合は、Google Cloud に上限緩和申請を行います。

問題 6 [答] B

問題文で求められているレベルに合致するプランは、スタンダードサポートです。

問題 7　　　　　　　　　　　　　　　　　　　　　　　　**[答]** A

　クラウドのコストは毎月変動するのが一般的です。また、コスト管理は分散管理とし、各管理者ごとに責任を負うことが望ましいとされています。

問題 8　　　　　　　　　　　　　　　　　　　　　　　　**[答]** D

　Cloud Billing レポートでは、過去の利用料金や、現在発生している今月分の課金状況を確認することができます。

問題 9　　　　　　　　　　　　　　　　　　　　　　　　**[答]** C

　クラウド環境においては、「構築が終わったらあとは触れない、変えない」ではなく、常にコスト最適化を意識して、必要に応じて構成変更を行うことがベストプラクティスです。

問題 10　　　　　　　　　　　　　　　　　　　　　　　　**[答]** D

　予算アラート機能を使うと、事前に金額としきい値を定義することで、アラートメールを発報することができます。

8

第 9 章

模擬試験

　本書オリジナルの模擬試験を用意しました。出題分野ごとの問題数は、実際の試験に近づけています。本書を一通り読んだ後、知識の確認に活用してください。模擬試験を解いてみてわからない点があったら、本書の該当部分を読み返してください。

 模擬試験問題

問題1　あなたの組織は現在、システムをオンプレミスからクラウドへ移行することを検討しています。データ保護に関するコンプライアンス上の理由で、一部のワークロードをオンプレミスに残す必要があります。このような場合、どのアプローチを選びますか。

A. ハイブリッドクラウド
B. マルチクラウド
C. パブリッククラウド
D. クラウドネイティブ

問題2　大規模なデータ分析を行うために、スケーラブルかつサーバーレスで、フルマネージドなデータ分析サービスを利用したいと考えています。どのGoogle Cloud ソリューションを使いますか。

A. Cloud Functions
B. Cloud Storage
C. Firestore
D. BigQuery

問題3　生成 AIの説明として最も適切なのはどれですか。

A. AIの分野の1つであり、コンテンツを生成することに特化している
B. AIの学習方法の1つであり、教師データを与えなくても、設定された報酬にもとづいて自ら学習する
C. AIの学習方法の1つであり、大量の教師データにもとづいて学習する
D. AIの分野の1つであり、教師データを与えなくても、アルゴリズムにもとづいてデータの分類や予測を行う

問題 4　ネットワークに入ってくるトラフィックや、ネットワークから出ていく
トラフィックを、IP アドレスやポート番号にもとづいて制御するセキュリ
ティコンポーネントは何ですか。

A. IDS/IPS

B. VPN

C. ファイアウォール

D. Web Application Firewall

問題 5　あなたの会社では、新規サービスのためのアプリケーションをリリース
しようとしています。新サービスが、どのくらいの人気になるか予想がつ
いていません。あなたの会社は、待機中のインフラに無駄なコストをかけ
たくないと考えています。このケースにおいて、サーバーレスアーキテク
チャが提供できる価値はどれですか。

A. アジリティ

B. スケーラビリティ

C. 可用性

D. 保守性

問題 6　Google が提唱する Site Reliability Engineering（SRE）の用語で、シ
ステムが正常に動作していることを確認するために計測する指標のことを、
何といいますか。

A. Service Level Indicator

B. Service Level Objective

C. Service Level Agreement

D. Service Level Metrics

問題 7　ある企業では、自社の管理する数千台のレンタカーから、IoT デバイス経由で 30 秒ごとにデータをクラウドに送信しています。クラウド側でデータを受け取るために、どのサービスを使いますか。

A. Dataflow

B. Pub/Sub

C. Compute Engine

D. Cloud Functions

問題 8　機械学習が実現できることは何ですか。

A. 人間の学習プロセスを補助し、より効率的にスキルを身に付けられるようにする

B. 事前に作成されたプログラムにもとづいて、人間の代わりに所定の手順を完了できる

C. 事前に作成された数式にもとづいて、数的な計算を高速に実行できる

D. 人間の認知能力を模倣したタスクを処理できる

問題 9　あなたの会社では、新しいソフトウェアの導入を検討しています。情報システム部門では、新しいインフラの管理や、ソースコードの開発を避けたいと考えています。どのクラウドサービスを選びますか。

A. PaaS (Platform as a Service)

B. SaaS (Software as a Service)

C. IaaS (Infrastructure as a Service)

D. DaaS (Desktop as a Service)

問題 10 現在、オンプレミスで稼働しているシステムを再設計し、クラウド上で
マイクロサービスアーキテクチャとしてデプロイすることが検討されてい
ます。マイクロサービスアーキテクチャにより享受できるメリットは何で
すか。

    A. スケーラビリティが向上する

    B. インフラのコストが 0 になる

    C. 可用性が 100% になる

    D. 一定時間に処理できるデータの量が増える

問題 11 あるシステムは、アクセス者のアイデンティティ（ID）を検証してから、
データへのアクセスを許可するように実装されています。このプロセスを
何といいますか。

    A. 認証

    B. 認可

    C. 監査（アカウンティング）

    D. レポーティング

問題 12 Google Cloud が提唱する、クラウドのコスト管理のベストプラクティ
スはどれですか。

    A. プロジェクト管理責任およびコスト管理責任は、1 つの部署に集約され
るべきである

    B. プロジェクト管理責任は 1 つの部署に集約されるべきだが、コスト管
理責任は複数の部署に分散されるべきである

    C. プロジェクト管理責任は複数の部署に分散されるべきだが、コスト管
理責任は 1 つの部署に集約されるべきである

    D. プロジェクト管理責任およびコスト管理責任は、複数の部署に分散さ
れるべきである

問題 13　オンプレミスで稼働している物理サーバーや仮想サーバーを Google Cloud に移行することを検討しています。可能な限り改修や変更をせずに移行したいと考えています。移行先として、どの Google Cloud ソリューションを選びますか。

A. App Engine

B. Google Kubernetes Engine

C. Cloud Run

D. Compute Engine

問題 14　ある組織が、組織内のさまざまなシステムやビジネスプロセスからデータを収集し、分析して気づきを得ようとしています。この計画の実現のために、何を使用しますか。

A. 運用データベース

B. データウェアハウス

C. NoSQL データベース

D. 非構造化データ

問題 15　あなたの会社は、EC サイトを運営しています。経営層のために、将来の売上予測を行う機械学習モデルを開発したいと考えています。顧客の属性情報や、過去数か月間のサービス利用状況の履歴データは、自社のデータウェアハウスに保存されています。コスト効率よく、少ない手間で機械学習モデルを開発するには、どの Google Cloud ソリューションを使いますか。

A. Vertex AI カスタムトレーニング

B. AutoML Tabular

C. Recommendations AI

D. Cloud Forecast

問題 16 ゼロトラストセキュリティの考え方を表しているのはどれですか。

    A. すべてのアイデンティティとすべての端末は、システムへのアクセス時に検証される

    B. システムに事前に登録されているアイデンティティだけを許可する

    C. 信頼する端末だけを許可する

    D. VPN に接続している端末だけを許可する

問題 17 これから開発するアプリケーションを、Google Cloud で稼働させることを検討しています。Google Cloud のランニングコストについて、できるだけ速やかに、正確な見積もりが必要です。どのようにして試算しますか。

    A. Google Cloud Pricing Calculator を使う

    B. 小規模なステージング環境を Google Cloud に構築し、1 か月間のテスト運用を行い、費用を確認する

    C. Google Cloud の営業担当者に連絡し、試算を依頼する

    D. Google Cloud は従量課金のため、事前に料金を試算することはできない

問題 18 あなたの組織は、既存の IT 資産を、大きな変更を加えることなく、サーバーを借用することでクラウドに移行したいと考えています。どのクラウドサービスを選びますか。

    A. FaaS (Function as a Service)

    B. SaaS (Software as a Service)

    C. PaaS (Platform as a Service)

    D. IaaS (Infrastructure as a Service)

問題 19　カスタマーサポート窓口における、顧客とオペレーターのやりとりを分析し、どのようなトピックがより多く話されているか、分析したいと考えています。顧客とオペレーターのやりとりは、E メールで行われています。効率的に分析を行うためには、どの Google Cloud ソリューションを使いますか。

A. Cloud Natural Language API

B. Text-to-Speech API

C. Contact Center AI

D. Document AI

問題 20　あなたは、自社の Google Cloud 組織の構成を整理しています。あるフォルダの中には複数のプロジェクトがあります。このフォルダにアクセスポリシーをアタッチすると、ポリシーはこれらのリソースにどのような影響を与えますか。

A. アクセスポリシーが配下のプロジェクトやリソースに伝播する

B. フォルダにアクセスポリシーが適用されるが、配下のリソースには伝播しない

C. フォルダにアクセスポリシーが適用され、配下のプロジェクトに伝播するが、プロジェクト配下のリソースには伝播しない

D. アクセスポリシーは環境に何の影響も与えない

問題 21　あなたの組織では、オンプレミスに VMware の仮想サーバーを大量に保有しています。この資産の構成や運用体制を変更せずに、クラウドに移行しようと考えています。この場合、どの Google Cloud ソリューションを選びますか。

A. Compute Engine

B. App Engine

C. Google Cloud VMware Engine

D. GKE Enterprise

問題 22 DNS（Domain Name System）とは何ですか。

- **A.** IP アドレスやポート番号にもとづいて、トラフィックの制御を行うセキュリティツール
- **B.** ドメイン名と IP アドレスをマッピングする仕組み
- **C.** 全世界の IP アドレスを管理する単一のシステム
- **D.** ドメイン名やその所有者情報を管理する組織

問題 23 あなたの会社の法務部は、Google Cloud が ISO 27001 に準拠していることを確認するために、レポートをダウンロードしたいと考えています。レポートを取得するための最も適切な手段はどれですか。

- **A.** Cloud Report Store からダウンロードする
- **B.** Compliance Reports Manager からダウンロードする
- **C.** Google Cloud の本社から郵送してもらう
- **D.** Google Cloud の営業担当者から共有を受ける

問題 24 あなたの組織ではデータ分析が行われていますが、全体を管理する専任のチームがなく、データに関するセキュリティや、統合的な管理に課題があります。データを適切に管理し、セキュアに扱うためには、どのアプローチを選びますか。

- **A.** ゼロトラストセキュリティ
- **B.** 境界型セキュリティ
- **C.** データガバナンス
- **D.** データカタログ

問題 25 一部のユーザーが、システムに問い合わせを行ってから結果が返ってくるまでの応答時間が遅いことを報告しています。Google が提唱する「4 つのゴールデンシグナル」に従うと、この状況を表すのはどの用語ですか。

    A. レイテンシ

    B. トラフィック

    C. エラー

    D. サチュレーション

問題 26 単一のコンテナで構成された、シンプルな Web アプリケーションを開発しています。このアプリケーションを、サーバーレスなプラットフォームにデプロイしたいと考えています。どの Google Cloud ソリューションを選びますか。

    A. Google Kubernetes Engine

    B. App Engine

    C. Cloud Functions

    D. Cloud Run

問題 27 EC サイトにおいて、関連商品を顧客へレコメンデーションするための、カスタム AI モデルを作成しました。しかし、期待したとおりの精度が出ていません。学習に使用したデータには、顧客の前回の購買結果が含まれていますが、過去の長期間に渡る統計的なデータは含まれていません。何が原因で精度が悪くなっていると考えられますか。

    A. データの量が足りない

    B. データに即時性がない

    C. データが誤っている

    D. カスタム AI モデルを使っている

問題 28 オンプレミスおよびパブリッククラウドの支出について説明した次の記述のうち、正しいものはどれですか。（2つ選択）

A. パブリッククラウドの月額費用は、CapEx（資本的支出）とみなすことができる

B. オンプレミスのサーバー購入費用は、OpEx（経費的支出）とみなすことができる

C. オンプレミスのサーバー購入費用は、CapEx（資本的支出）とみなすことができる

D. パブリッククラウドの月額費用は、OpEx（経費的支出）とみなすことができる

問題 29 自社開発のアプリケーションに API を実装する目的は何ですか。

A. プログラム同士が相互に通信すること
B. 異なるネットワークを相互に接続すること
C. 障害の発生時に、即時に通知できるようにすること
D. データを分析に適した形に変換すること

9

問題 30 システムを DDoS 攻撃から守るには、どの Google Cloud ソリューションを使いますか。

A. VPC Firewall
B. Google Cloud Armor
C. Cloud DNS
D. DDoS Protector

問題 31　Google Cloud で本番ワークロードを運用するにあたり、Google Cloud カスタマーケアを契約しようとしています。カスタマーケア窓口に問い合わせた際には、可能な限り即時に返答が欲しいと考えています。また、専任の Technical Account Manager のアサインも必要です。どのプランを選択しますか。

A. プレミアムサポート

B. エンハンストサポート

C. スタンダードサポート

D. ベーシックサポート

問題 32　あなたの組織には現在、数名のデータアナリストで構成されるデータ分析チームが存在しています。データ分析チームは、分析用データベースから SQL でデータを抽出し、経営層へ報告するためのレポートを週次で作成しています。組織は、このプロセスをもっと効率化したいと考えています。最も適した対処法はどれですか。

A. データアナリストを増員する

B. Looker を BigQuery に接続し、可視化を自動化する

C. Cloud Functions を使ってサーバーレスプログラムを定期的に実行し、SQL の実行を自動化する

D. BigQuery に対するアクセス権限を経営層に付与する

問題 33　Google Cloud 環境の設定値を横断的にチェックし、問題のある設定をリストアップすることでセキュリティを向上させる Google Cloud ソリューションはどれですか。

A. Cloud Identity and Access Management (Cloud IAM)

B. Google Cloud Armor

C. Security Command Center

D. Compliance Reports Manager

問題 34 保険会社が、手作業で行われている申込書類の処理（加入者管理システムへの手作業での入力、分類など）を効率化したいと考えています。申込書類は紙で管理されており、書類をスキャンして電子データ化する作業はすでに効率化されています。どの AI ソリューションを使いますか。

    A. Cloud Natural Language API

    B. Text-to-Speech API

    C. Contact Center AI

    D. Document AI

問題 35 PaaS（Platform as a Service）を利用する際、ユーザーの責任となるのはどれですか。

    A. 物理的インフラストラクチャの保守

    B. OS へのセキュリティパッチの適用

    C. データのアクセスポリシー

    D. OS のインストール

問題 36 Google Cloud において、階層的な組織構成を用いるメリットは何ですか。

    A. アクセスポリシーを組織やフォルダにアタッチすると、当該アクセスポリシーが配下のプロジェクトやリソースに伝播するため、権限運用を効率化できる

    B. フォルダ構成によってプロジェクトを整理することで、プロジェクトの階層構造が明確化し、視覚的にわかりやすくなるため、管理しやすくなる

    C. アプリケーション同士のネットワーク通信が効率化し、性能が向上する

    D. より上位の管理職が、下位の従業員のクラウド利用状況を確認することができる

問題 37　Cloud Storage へ画像ファイルが配置されたことをきっかけにして起動
　　　　 し、画像のサムネイルを生成する、シンプルなイベントドリブンなプログ
　　　　 ラムを開発したいと考えています。管理工数を抑えるため、このプログラ
　　　　 ムをサーバーレスなプラットフォームにデプロイしようとしています。ど
　　　　 の Google Cloud ソリューションを利用しますか。

　　　　 A. Google Kubernetes Engine
　　　　 B. App Engine
　　　　 C. Cloud Functions
　　　　 D. Cloud Run

問題 38　**データ主権の考え方を表しているのはどれですか。**

　　　　 A. ある国・地域で収集、保管されたデータは、その国・地域の法令に従
　　　　 　　 うものであるという考え方
　　　　 B. ある個人のデータの所有権は、その個人に帰属するという考え方
　　　　 C. データを生成したアプリケーションからデータが外部に移送される際
　　　　 　　 は、必ずシステム管理者の承認を得るべきであるという考え方
　　　　 D. データが変換され、分析用途に供される際は、元のデータを追跡でき
　　　　 　　 るべきであるという考え方

問題 39　オンプレミスで稼働している Microsoft SQL Server をクラウドに移行
　　　　 することを検討しています。どの Google Cloud ソリューションを使い
　　　　 ますか。

　　　　 A. Cloud SQL
　　　　 B. Firestore
　　　　 C. Cloud Spanner
　　　　 D. BigQuery

問題 40　自社開発のアプリケーションに API を実装しようと考えています。API には、適切なセキュリティと、認証・認可、モニタリング機能が必要です。どの Google Cloud ソリューションを利用しますか。

A. Cloud Functions

B. Apigee API Management

C. Cloud Identity and Access Management (Cloud IAM)

D. Google Cloud APIs

問題 41　あなたが管理するアプリケーションは、ヨーロッパの Google Cloud リージョンにデプロイされています。米国のユーザーから、アプリケーションの反応が遅いという報告がありました。どのように対策しますか。

A. ヨーロッパ内のもう 1 つのリージョンに、追加でアプリケーションをデプロイする

B. ヨーロッパ内のもう 1 つのゾーンに、追加でアプリケーションをデプロイする

C. 現在のリージョンのアプリケーションで、インスタンスの数を増量する

D. 米国のリージョンに、追加でアプリケーションをデプロイする

問題 42　あなたの会社のデータサイエンティストチームは、TensorFlow を利用してディープラーニングを行っています。学習をより高速にするには、どのハードウェアを追加で利用しますか。

A. Google Kubernetes Engine

B. TPU

C. GPU

D. CPU

問題 43　サーバーレスなデータパイプラインのメリットは何ですか。

    A. エラーが起きないこと

    B. データの変換が不要なこと

    C. 変換プログラムを書いたり、ロジックを考えたりする必要がないこと

    D. インフラストラクチャの管理が不要であること

問題 44　Google が提唱する Site Reliability Engineering（SRE）の用語で、システムが正常に動作していることを確認するために計測する指標に関する、目標値のことを何といいますか。

    A. Service Level Indicator

    B. Service Level Objective

    C. Service Level Agreement

    D. Service Level Metrics

問題 45　Google Cloud のデータセンターにおいて、悪意を持った従業員が顧客のストレージに物理的にアクセスしても、データが保護される理由は何ですか。

    A. データが暗号化されているから

    B. サーバーが世界中のランダムな場所に配置されており、見つけることができないから

    C. ストレージが複雑に配線されており、取り外すことができないから

    D. 従業員の身辺調査が厳密に行われていることが第 3 者認証で証明されているから

問題 46　ハイブリッドクラウドやマルチクラウドのアーキテクチャにおいて、共通の管理画面および共通の運用体制でコンテナアプリケーションを運用したいと考えています。どの Google Cloud ソリューションを選びますか。

A. Apigee API Management

B. Google Cloud VMware Engine

C. Google Kubernetes Engine

D. GKE Enterprise

問題 47　デジタルトランスフォーメーションにおいてクラウドを導入するメリットとして、最も適切なものはどれですか。

A. ビジネスプロセスやコスト構造を変革するきっかけになる

B. IT コスト構造が変化する

C. 売上が向上する

D. IT 運用コストが低下する

問題 48　あなたの組織では、あるシステムのログデータを Cloud Storage に長期的に保管しています。このデータは、1 年に 1 回、監査目的でアクセスされます。Cloud Storage のどのストレージクラスを使いますか。

A. Standard ストレージ

B. Nearline ストレージ

C. Coldline ストレージ

D. Archive ストレージ

問題 49　Google Cloud は、サステナビリティにどのように貢献していますか。

    A. Google Cloud で使われる CPU や GPU はすべて Google による独自開発であり、消費電力が著しく小さい

    B. Google Cloud は、データセンターの所在地の当局に多額の税金を納めることで、環境保護施策に貢献している

    C. Google Cloud が ISO 標準に準拠していることを示すレポートをダウンロードできる

    D. Google Cloud のデータセンターはカーボンフリーエネルギーを利用している

問題 50　あなたの組織は、在庫予測のためのカスタム AI モデルを作成したいと考えています。組織には専任の AI チームがあり、モデルのトレーニング、デプロイ、モニタリングなどを単一のプラットフォームで行いたいと考えています。どの Google Cloud ソリューションを使いますか。

    A. AutoML

    B. Generative AI

    C. Vertex AI

    D. GPU

9.2 模擬試験問題の解答と解説

問題 1 [答] A

オンプレミスとクラウドを併用する戦略は、ハイブリッドクラウドと呼ばれます。「マルチクラウド」や「プライベートクラウド」といった用語との意味の違いを理解してください。

問題 2 [答] D

Google Cloud におけるスケーラブルかつサーバーレスで、フルマネージドな分析用データベースは、BigQuery です。

問題 3 [答] A

生成 AI について説明しているのは A です。B は強化学習、C は教師あり学習、D は教師なし学習の説明です。

問題 4 [答] C

IP アドレスやポート番号にもとづいてトラフィックを制御するのはファイアウォールです。名称は似ていますが、D の「Web Application Firewall」(WAF)は、アプリケーションレイヤの防御のためのセキュリティツールです。

問題 5 [答] B

サーバーレスアーキテクチャは、インフラに割り当てるリソース量を柔軟に増減することができます。本問のケースでは、サービスに人気が出なかった場合でも、割り当てるリソース量を最小限にすることで、コストを抑えることができます。

問題 6　　　　　　　　　　　　　　　　　　　　　　　　[答] A

　本問で問われているのは「指標」であるため、Service Level Indicator（SLI）を選択します。Service Level Objective（SLO）は「目標」であり、Service Level Agreement（SLA）は「（契約上の）合意」です。

問題 7　　　　　　　　　　　　　　　　　　　　　　　　[答] B

　IoT デバイスのように、大量の機器から頻繁にデータを受け取る場合、バッファとして Pub/Sub を使います。Pub/Sub で受け取ったデータは、Dataflow などを用いて、BigQuery に書き込みます。

問題 8　　　　　　　　　　　　　　　　　　　　　　　　[答] D

　機械学習について説明しているのは D です。A、B、C は、機械学習と直接的な関係はありません。B と C は、通常のプログラムに関する言及です。

問題 9　　　　　　　　　　　　　　　　　　　　　　　　[答] B

　問題文に「ソースコードの開発を避けたい」とあるため、アプリケーションが提供される SaaS を選択します。

問題 10　　　　　　　　　　　　　　　　　　　　　　　[答] A

　マイクロサービスアーキテクチャのメリットとして適切なのは、A です。マイクロサービスアーキテクチャの採用により、インフラのコストがゼロになるわけではありません。可用性の向上が見込める場合はありますが、障害が起きなくなるわけではありません。マイクロサービスアーキテクチャは、ある時間内で処理できるデータの量と直接的な関係はありません。

問題 11　　　　　　　　　　　　　　　　　　　　　　　[答] A

　アイデンティティを検証する（確かめる）プロセスは認証です。名前が似ている「認可」と間違えないように気をつけてください。

問題 12　　　　　　　　　　　　　　　　　　　　　　　[答] D

　Google Cloud が提唱するベストプラクティスでは、プロジェクト管理責任およびコスト管理責任は、分散されるべきであるとされています。一部の部署が環境を集

中管理すると、クラウド環境の運用がスケール（拡大）できないためです。

問題 13 [答] D

仮想サーバーや物理サーバーを最小限の修正で移行するには、IaaS である Compute Engine を選ぶのが適切です。

問題 14 [答] B

さまざまなデータから気づき（インサイト）を得るには、データをデータウェアハウスと呼ばれる分析用データベースに集約して分析します。運用データベースや NoSQL データベースは、一般的に、大規模な分析には適していません。

問題 15 [答] B

本問のケースでは、大量の教師データを利用することができるため、ノーコードで機械学習モデルの開発が可能な AutoML Tabular を使用します。Vertex AI カスタムトレーニングでも開発できますが、機械学習の専門知識が必要です。

問題 16 [答] A

ゼロトラストセキュリティは、すべてのアイデンティティや端末を必ず一度疑い、検証します。この点が、信頼された端末やアイデンティティであればアクセスを許可する「境界型セキュリティ」とは対照的です。

問題 17 [答] A

Google Cloud Pricing Calculator は Google Cloud の料金を試算するための無料のツールで、誰でも利用することができます。利用サービスと利用ボリュームを入力することで、月額費用を試算できます。

問題 18 [答] D

問題文に「大きな変更を加えることなく、サーバーを借用することで」とあるため、IaaS を選択します。

問題 19　　　　　　　　　　　　　　　　　　　　　　[答] A

　E メールでのやりとりを分析し、分類やトピック抽出を行うには、Cloud Natural Language API が最も効率的です。

問題 20　　　　　　　　　　　　　　　　　　　　　　[答] A

　フォルダにアクセスポリシー（IAM ポリシー）が適用されると、その配下のプロジェクトや、プロジェクト内のリソースにポリシーが伝播し、効力を発揮します。これを継承といいます。

問題 21　　　　　　　　　　　　　　　　　　　　　　[答] C

　Google Cloud VMware Engine を使うことで、構成を変更することなく既存の VMware 仮想サーバーを Google Cloud へ移行できます。VMware の操作感を維持できるので、運用体制を変更する必要がありません。

問題 22　　　　　　　　　　　　　　　　　　　　　　[答] B

　DNS はドメイン名と IP アドレスをマッピングする仕組みです。A はファイアウォール、D はレジストリの説明です。C に該当する用語は存在しません。

問題 23　　　　　　　　　　　　　　　　　　　　　　[答] B

　Google Cloud が取得している第 3 者認証などのレポートは、Compliance Reports Manager からいつでもダウンロードすることができます。なお、A の「Cloud Report Store」という仕組みは存在しません。

問題 24　　　　　　　　　　　　　　　　　　　　　　[答] C

　企業全体でデータの管理方法を定め、セキュリティや品質を維持し、活用しやすくする取り組みのことをデータガバナンスといいます。

問題 25　　　　　　　　　　　　　　　　　　　　　　[答] A

　本問で問われているのはシステムの応答速度です。「4 つのゴールデンシグナル」の中ではレイテンシ（遅延）が相当します。

問題 26 [答] D

コンテナアプリケーションをデプロイできるのは Cloud Run です。Google Kubernetes Engine もコンテナアプリケーション用のプラットフォームですが、単一コンテナのアプリケーションよりも、複数のコンテナを利用する複雑なアプリケーションに向いています。シンプルなコンテナアプリケーションに向いているサーバーレスなサービスは、Cloud Run です。

問題 27 [答] A

問題文に「学習に使用したデータには、顧客の前回の購買結果が含まれていますが、過去の長期間に渡る統計的なデータは含まれていません。」とあるため、データの量が不足していると考えられます。教師データを使った機械学習には、大量のデータが必要です。

問題 28 [答] C、D

オンプレミスとクラウドの支出の性質を正しく表現している選択肢は、C と D です。

問題 29 [答] A

API は Application Programming Interface の略称であり、アプリケーション（プログラム）が相互に通信し、データをやりとりするためのインターフェイスです。

問題 30 [答] B

Google Cloud Armor はクラウド型の Web Application Firewall（WAF）であり、アプリケーションレイヤの攻撃からシステムを守るサービスですが、DDoS 攻撃への対策機能も備えています。

問題 31 [答] A

初回応答時間が最も早く、また Technical Account Manager（TAM）がアサインされるのは、プレミアムサポートです。

問題 32 [答] B

レポート作成などの定型的な可視化は、Looker などの BI ツールでダッシュボードを作成することで自動化できます。

問題 33　　　　　　　　　　　　　　　　　　　　　　　　[答] C

　Security Command Center は、Google Cloud 環境を横断的にチェックし、セキュリティ観点でリスクのある設定を自動で検知して可視化します。クラウド管理者は、Security Command Center を定期的にチェックし、適切な対処を実施することで、セキュリティを向上させることができます。

問題 34　　　　　　　　　　　　　　　　　　　　　　　　[答] D

　電子化された紙の書類から、文字情報を識別して抽出（OCR）したり、分類したりするために最も効率的なソリューションは、Document AI です。Cloud Natural Language API もテキスト情報を分類できますが、OCR を行うことはできません。

問題 35　　　　　　　　　　　　　　　　　　　　　　　　[答] C

　PaaS では、クラウド提供事業者が物理インフラストラクチャや OS レイヤを提供します。ユーザーの責任範囲は、アプリケーションの開発やデータへのアクセス制御（アクセスポリシー）、ID 管理などです。

問題 36　　　　　　　　　　　　　　　　　　　　　　　　[答] A

　組織の階層構造を利用するメリットの1つは、IAM ポリシーの継承です。これにより、効率的な権限管理が可能になり、管理コストが低下します。

問題 37　　　　　　　　　　　　　　　　　　　　　　　　[答] C

　Cloud Run もシンプルなプログラムに向いていますが、問題文にある「イベントドリブン」というキーワードから、Cloud Functions を選ぶことができます。

問題 38　　　　　　　　　　　　　　　　　　　　　　　　[答] A

　データ主権について適切に述べているのは A です。Google Cloud では、データ主権を実現するため、多くのサービスで、データを配置するリージョンを明示的に選択することができます。また、Google が勝手にデータにアクセスできないようにするための仕組みが、数多く実装されています。

問題 39　　　　　　　　　　　　　　　　　　　　　　　　　　　　　【答】A

Cloud SQL は、MySQL、PostgreSQL、Microsoft SQL Server をホストするマネージドなデータベースサービスです。

問題 40　　　　　　　　　　　　　　　　　　　　　　　　　　　　　【答】B

Apigee API Management は、外部システムと自社アプリケーションの間に設置され、API 連携を実現するための仕組みです。セキュリティの向上、認証・認可や課金の仕組みの構築、モニタリングなどを実現できます。

問題 41　　　　　　　　　　　　　　　　　　　　　　　　　　　　　【答】D

米国のユーザーのレイテンシを最小にするためには、米国内の Google Cloud リージョンにアプリケーションをデプロイする必要があります。一般的に、物理的な距離が遠ければ遠いほど、ネットワークのレイテンシは大きくなります。

問題 42　　　　　　　　　　　　　　　　　　　　　　　　　　　　　【答】B

TPU は、ディープラーニングにおいて高い処理性能を発揮することができます。選択肢 A〜D の中では、この TPU が最も適切です。GPU も機械学習に用いられますが、TensorFlow を用いたディープラーニングにおいては、TPU のほうがより高い性能を発揮します。

問題 43　　　　　　　　　　　　　　　　　　　　　　　　　　　　　【答】D

サーバーレスの強みは、インフラの管理が不要であることです。サーバーレスなデータパイプラインのメリットは、インフラの管理が不要であり、低い運用コストでデータ変換を実現することにあります。なお、利用するサービスによりますが、変換プログラムを作成したり、ロジックを考えたりする必要はあります。

問題 44　　　　　　　　　　　　　　　　　　　　　　　　　　　　　【答】B

本問で問われているのは「指標の目標値」であるため、Service Level Objective (SLO) を選択します。

問題 45　　　　　　　　　　　　　　　　　　　　　　　　　　[答] A

　Google Cloud に保存されているデータはすべてデフォルトで暗号化されており、仮にストレージが物理的に盗まれたとしても、データの中身を読み取ることはできません。

問題 46　　　　　　　　　　　　　　　　　　　　　　　　　　[答] D

　GKE Enterprise (旧称 Anthos)を使うことで、オンプレミスや他のクラウドサービスに Google Kubernetes Engine を拡張できます。これにより、Google Kubernetes Engine の運用体制だけで複数の環境のコンテナアプリケーションを運用できることになります。

問題 47　　　　　　　　　　　　　　　　　　　　　　　　　　[答] A

　Google Cloud の考えでは、クラウドはデジタルトランスフォーメーションにおいて、ビジネスプロセスやコスト構造を変革するきっかけになり、根本的な組織改革につながるとしています。

問題 48　　　　　　　　　　　　　　　　　　　　　　　　　　[答] D

　1年に1回のアクセス頻度であれば、Archive ストレージが適切です。Cloud Storage のストレージクラスについては、4.2 節 P.82 をご参照ください。

問題 49　　　　　　　　　　　　　　　　　　　　　　　　　　[答] D

　Google Cloud は、各リージョンのデータセンターがどのくらいカーボンフリーなエネルギーを利用しているかを公開しています。カーボンフリーなエネルギーとは、水力発電や風力発電など、二酸化炭素を排出しない方法で生産された電力のことです。

問題 50　　　　　　　　　　　　　　　　　　　　　　　　　　[答] C

　「カスタム AI モデルを作成する」「専任の AI チームがある」「モデルのトレーニング、デプロイ、モニタリングなどを単一のプラットフォームで行う」という要件から、Vertex AI が適切です。

付録

① Google Cloud と AWS の対照表

② 同義語一覧表

付録① Google CloudとAWSの対照表

Amazon Web Services（AWS）を学習した経験がある方向けに、本書で紹介した主な Google Cloud サービスと、それに最も似た機能を持つ AWS サービスとの対照表を用意しました。是非参考にしてください。

Google Cloud	AWS	説明
Cloud SQL	Amazon RDS	マネージドなリレーショナルデータベース
Cloud Spanner	該当なし	グローバルに利用可能で高度にスケーラブルなリレーショナルデータベース
Cloud Storage	Amazon S3	容量無制限のオブジェクトストレージ
BigQuery	Amazon Redshift	分析用データベース
Looker	該当なし	データを可視化でき、高度分析が可能な BI ツール
Looker Studio	Amazon QuickSight	データを可視化できる BI ツール
Cloud Interconnect	AWS Direct Connect	オンプレミスとクラウドを専用線で接続するサービス
Cloud VPN	AWS VPN	オンプレミスとクラウドを接続するインターネット VPN
Compute Engine	Amazon EC2	仮想サーバー
Virtual Private Cloud (VPC)	Amazon Virtual Private Cloud (VPC)	仮想ネットワーク
Google Kubernetes Engine (GKE)	Amazon Elastic Kubernetes Service (EKS) または Amazon Elastic Container Service (ECS)	コンテナオーケストレーションサービス
GKE Enterprise (Anthos)	Amazon EKS Anywhere、Amazon ECS Anywhere	マルチクラウド・マルチプラットフォームで動作するコンテナオーケストレーション
Cloud Functions	AWS Lambda	軽量なアプリケーションを動かすためのサーバーレスプラットフォーム
Cloud Run	AWS App Runner、AWS Fargate	コンテナを動かすためのサーバーレスプラットフォーム

Google Cloud	AWS	説明
App Engine	該当なし	Web アプリケーションを動かすためのサーバーレスプラットフォーム
Google Cloud VMware Engine	VMware Cloud on AWS	クラウドで VMware 仮想サーバーを動作させるためのマネージドプラットフォーム
Apigee API Management	Amazon API Gateway	API ゲートウェイ
Cloud IAM (Cloud Identity and Access Management)	AWS IAM	権限管理
組織 (Organization)	AWS Organizations	リソース管理
Security Command Center	Amazon GuardDuty、AWS Security Hub	セキュリティ観点でのリスク検知と可視化
Google Cloud Armor	AWS WAF	フルマネージドのクラウド型 WAF（Web Application Firewall）

付録② 同義語一覧表

　Google Cloud 認定試験は、まず英語で作成され、日本語に翻訳されます。そのため訳文が読みづらく、理解が難しいと感じる場面もあります。残念ながら試験中に言語を切り替えることはできないため、英語が得意な方は、元の英文を想像しながら読み解くことで理解につながる場合があります。

　また、単語の訳語の表記が揺れていることがあります。Google Cloud の公式ドキュメントや Web コンソールは日本語版が提供されていますが、その2つの間で異なる訳語が用いられている場合があります。さらに、試験ではまた違う訳語が使われていることがあります。試験で見慣れない用語が出てきても慌てず、元の英単語を想像しながら読み解きましょう。

　このような、英語から日本語への翻訳に由来する問題だけでなく、同じ意味の言葉が違う形で登場することもあります。参考として同義語表を用意しました。この表は、本書で登場した用語のうち、訳語の表記が揺れやすいものと、その同義語を一覧にしたものです。

本書での用語	同義語
AI	人工知能
ML	機械学習
AI/ML	AI/ 機械学習
CapEx（資本的支出）	資本支出モデル
Cloud Storage	Google Cloud Storage
Google Cloud サービス	Google Cloud ソリューション、Google Cloud プロダクト
OpEx（経費的支出）	運用支出モデル
アジリティ	俊敏性、迅速性
学習	トレーニング
仮想サーバー	仮想マシン
基盤	プラットフォーム、インフラストラクチャ
クラウド提供事業者	クラウドプロバイダ
最小権限の原則	最小権限のリソースアクセスモデル
システム	ワークロード※
事前学習済み API	事前トレーニング済みの API
性能	パフォーマンス
設定する、構築する	構成する
物理サーバー	物理マシン

※ 厳密には「ワークロード＝システム」ではありません。ワークロードとは、システムが処理する対象の業務自体や業務量を指す用語です。試験では「オンプレミスのワークロードをクラウドへ移行する」のように使われます。この場合は、「オンプレミスのシステムをクラウドへ移行する」とほぼ同義と考えてよいでしょう。

索引

著者プロフィール

杉村 勇馬 <small>(すぎむら ゆうま)</small>

元・埼玉県警察の警察官で現・株式会社G-genの執行役員CTO。2017年にAWSプレミアティアサービスパートナーである株式会社サーバーワークスに入社。100以上のAWS移行やクラウド導入コンサルでPMを務める。2021年9月、株式会社G-gen設立に伴いエンジニア責任者として出向。2022年9月、現職。AWSとGoogle Cloudの全資格を持ち、ITインフラやクラウド統制に知見。G-genでは技術ブログであるG-gen Tech Blogを立ち上げ、同ブログの代表的な執筆者でもある。Google Cloud Partner Top Engineer 2023 & 2024およびGoogle Cloud Champion Innovatorsとして認定。Google Cloud公式ユーザー会Jagu'e'rのコミッティ。

又吉 佑樹 <small>(またよし ゆうき)</small>

営業職からエンジニアに転身。2022年6月に株式会社G-genに入社。現職ではGoogle CloudのSolutions Architectとして、プリセールス、プロジェクトマネージャー、実装、外部登壇、ソリューション開発など多岐にわたる役割に従事。Google Cloudの全資格を保有し、Google Cloud Partner Top Engineer 2024およびGoogle Cloud Champion Innovators (Cloud AI/ML)として認定。Google Cloud公式ユーザー会Jagu'e'rのエバンジェリスト。

ゴウカクタイサク　　グーグル クラウド ニンテイ シカク
合格対策　Google Cloud 認定資格
クラウド デジタル リーダー　　　　アンドエンシュウモンダイ
Cloud Digital Leader テキスト&演習問題 ©株式会社G-gen 杉村勇馬、又吉佑樹 2024

2024年7月18日　第1版第1刷発行	著　　者	株式会社G-gen 杉村勇馬、又吉佑樹
	発　行　人	新関卓哉
	企 画 担 当	蒲生達佳
	編 集 担 当	古川美知子
	発　行　所	株式会社リックテレコム
		〒113-0034
		東京都文京区湯島3-7-7
		振替　　00160-0-133646
		電話　　03(3834)8380(代表)
		URL　　https://www.ric.co.jp/
	装　　丁	長久雅行
	組　　版	株式会社トップスタジオ
	印刷・製本	シナノ印刷株式会社

本書の全部または一部について、無
断で複写・複製・転載・電子ファイル
化等を行うことは著作権法の定める
例外を除き禁じられています。

●訂正等

本書の記載内容には万全を期しておりますが、
万一誤りや情報内容の変更が生じた場合には、
当社ホームページの正誤表サイトに掲載します
ので、下記よりご確認ください。

＊正誤表サイトURL

https://www.ric.co.jp/book/errata-list/1

●本書の内容に関するお問い合わせ

FAXまたは下記のWebサイトにて受け付けま
す。回答に万全を期すため、電話でのご質問
にはお答えできませんのでご了承ください。

・FAX：03-3834-8043

・読者お問い合わせサイト：
https://www.ric.co.jp/book/のページから
「書籍内容についてのお問い合わせ」をクリック
してください。

製本には細心の注意を払っておりますが、万一、乱丁・落丁(ページの乱れや抜け)がございましたら、
当該書籍をお送りください。送料当社負担にてお取り替え致します。

ISBN 978-4-86594-416-7